Gott
wollte nie die Abrissbirne

Die Öko-Seiten der Bibel
oder
Die Bibel auf nachhaltig

Text & Illustration:
Hans Hentschel

L100
BUCHVERLAG

Wir leben, Herr, noch immer vom Segen der Natur.
Licht, Luft und Blütenschimmer sind deiner Hände Spur.
Wer Augen hat, zu sehen,
ein Herz, das staunen kann,
der muss in Ehrfurcht stehen und betet mit uns an.

Wir wollen gut verwalten, was Gott uns anvertraut,
verantwortlich gestalten, was unsre Zukunft baut.
Herr, lass uns nur nicht fallen
in Blindheit und Gericht.
Erhalte uns und allen des Lebens Gleichgewicht.

(Detlev Block, Sommerlied ‚Nun steht in Laub und Blüte')

*gewidmet den Begleiter*innen durch Lebenszeiten*
Gesine und Jan - Dirk
Sabse und Jochen
Leonie und Vanja
Lydia und Hans
Frauke und Bernd
Eva und Peter
Marlene und Rolf
und all den anderen, die die Zukunft für Kinder und Enkel doch noch gewinnen wollen

… ohne Hille und Gesa nie geschrieben …

Bibliografische Information der Deutschen Bibliothek. Die Deutsche Bibliothek verzeichnet diese Publikation in der Deutschen Nationalbibliografie; detaillierte bibliografische Daten sind im Internet über http://dnb.dnb.de abrufbar.

1. Auflage, Kempen 2023

www.L100verlag.de

Nach der neuen deutschen Rechtschreibung

Lektorat: Hans-Jürgen van der Gieth, Kempen
Umschlaggestaltung: Inside Grafik, unter Verwendung einer Illustration von Hans Hentschel
Illustrationen: Hans Hentschel
Druck / Bindung: Jettenberger Internationale Druckagentur
Vertrieb: BVK Buch Verlag Kempen GmbH, www.buchverlagkempen.de

Printed in Europe

Best.-Nr.: L22
ISBN: 978-3-947984-22-0

MIX
Papier | Fördert gute Waldnutzung
FSC www.fsc.org FSC® C014138

Product footprint CO_2 Neutral
PBN-CFMCP-015258
www.preferredbynature.org

Inhaltsverzeichnis

Ins Poesiealbum einer guten Zukunft geschrieben
(5. Buch Mose 8)

Die Gebote Gottes bringen euch zum Leben.
Um sie nicht als Last, sondern als Tipps zu
gelingender Zukunft zu verstehen, ist es nötig,
den Weg nicht zu vergessen, den Gott mit
seinen Leuten – auch mit dir – ging.
Durch die Wüste,
in der es an Nahrung nicht fehlte,
in der klar wurde, dass auch Gottes Wort das Leben nährt,
in der die Kleidung vor Sonne und Kälte schützte,
in der die Füße immer weiter getragen haben.
Gottes Gebote sind nicht zum Spaß gegeben.
Auf dem Weg seiner Gebote
kommst du in gutes Land der Gegenwart und Zukunft,
mit sauberem Wasser in Bächen, Brunnen und Seen
mit reichlichen Ernten aus Weizen, Gerste, Wein
und von den früchtetragenden Bäumen.
Neben einem Genug, einem Genug an Essen und Trinken
bietet das Land Eisen, Kupfer und all die Rohstoffe, die du nutzen wirst.
Und wenn du das alles nutzt und es dir gutgeht,
dann ist es recht und billig, dich an Gott zu erinnern,
der das alles gibt, um es für alle kommende Zeit zu erhalten.
So hüte dich davor, vergesslich zu werden,
die Pflicht zu versäumen,
Gottes Gaben zu schätzen und zu schützen.
Wenn du gut genährt in festen Häusern wohnst.

Wenn das, was dein Leben reich macht, immer mehr wird,
dann sieh dich vor,
dass dein Reichtum dich nicht achtlos gegen Gott und die Welt macht,
dass du nicht vergisst, dass dein gutes Leben von Gott gegeben wurde.
Denke an die Wüstenzeiten, die waren und die kommen könnten.
Denke an Dürre, Feuer und an Gifte
und vergiss die Wasser aus der Quelle Gottes nicht.
Wenn du es doch vergessen solltest, stehst du in Gefahr.
In Gefahr zu denken:
Ich bin einfach prächtig!
Ich habe es geschafft.
Reichtum und Stärke gewinnen mein Leben!
Mach es nicht so!
Denke an den Herrn, deinen Gott, der deine Kraft und deinen Reichtum gibt.
Das Ende kommt, wenn du gottvergessen dich selbst für göttlich hältst.
Die Zukunft wird auf's Spiel gesetzt, wo die Falschen vergöttert werden.

Vorwort

„So kann es nicht weitergehen!“, predigte schon zu seiner Zeit der Prophet Jona in der großen Stadt Ninive. Gott hatte ihn – nach dem vergeblichen Fluchtversuch, der im Bauch des Fisches endete – beauftragt, den Menschen in Ninive unangenehme Wahrheiten zu sagen, um sie dazu zu bringen, von falschen Wegen umzukehren.

„So kann es nicht weitergehen!“

„Es gibt kein Weiter so!“

„Wir müssen Dinge grundlegend ändern!“

Das ist die unangenehme Wahrheit, der sich die Welt mit Blick auf eine globale Umweltkatastrophe zu stellen hat. Immer mehr Menschen kennen diese Wahrheit, immer mehr wollen sich daran beteiligen, neue Wege des Umgangs mit der Erde zu gehen und damit auch kommenden Generationen „Zukunft und Hoffnung“ zu geben, wie es im Weltprogramm Gottes seit den Tagen der Schöpfung heißt.

Die Weltprogrammschrift Gottes ist die Bibel.

Für die Menschen, die sich bis heute dem biblischen Gott des Alten und des Neuen Testamentes verbunden fühlen, kann die Bibel zu einem Fundort der Nachhaltigkeit werden.

Mit dem vorliegenden Buch werden Leserinnen und Leser auf eine Reise durch die Texte der Bibel mitgenommen, die von dem Glauben durchdrungen ist, dass Rettung für die Erde möglich bleibt.

Dabei gliedert sich das Buch in **sechs Teile.**

Im **ersten Teil** werden grundsätzliche Fragen zum Thema einer auf Nachhaltigkeit und Ökologie gelesenen Bibel gestellt und, soweit es geht, beantwortet.

Im **zweiten Teil** wird über das Verhältnis jenes Gottes zu den Menschen nachgedacht, der „im Anfang" die schöpferischen Worte über die Welt spricht. Natürlich gehört in diesen Zusammenhang auch die Frage, in welche Beziehung sich der Mensch dann zu diesem Schöpfer gestellt sah und sieht.

Im **dritten Teil** wird nach dem Geist gefragt, der Menschen dazu anleitet, sich für Frieden, Gerechtigkeit, Bewahrung der Schöpfung und Heilung einzusetzen. Dieser Geist ist wesentlich von der Verkündigung Jesu geprägt.

Im **vierten Teil** wird neben einer Erinnerung an die Stichworte des konziliaren Prozesses, der die Welt zu „Frieden, Gerechtigkeit und Bewahrung der Schöpfung" aufgerufen hat, an den „ökologischen" Kirchenmann *Franziskus von Assisi* erinnert, der die ganze Welt in der Geschwisterschaft der Familie Gottes sehen konnte.

In einem **fünften Teil** wird neben das bis dahin immer wieder schöpfungstheologisch gedeutete Thema die Beobachtung treten, dass Nachfolge Jesu auch bedeutet, sich dem „ängstlichen Seufzen der Kreatur" nicht zu verschließen, von dem der Apostel Paulus spricht. In diesem Teil findet sich noch einmal eine Erinnerung an den „Prototyp" des ökologisch denkenden Menschen. Es wird wiederum an *Franziskus von Assisi* erinnert, für den die ganze Schöpfung Schwester und Bruder war.

Der fünfte Teil wird vom Rekurs auf jesuanische Ethik mitgeprägt, und es wird der Versuch einer Biografie Jesu unternommen, bei der besonders die Fragen der Ökologie im Mittelpunkt stehen.

In einem **sechsten Teil** schließlich begegnen die Lesenden vier Menschen aus der Geschichte der christlichen Kirche, die als sogenannte Heilige in die Annalen des Christentums aufgenommen wurden. Im Zusammenhang dieses Buches werden sie als „Künstler des Lebens mit Gott" eingeführt, weil sie Grundbegriffe der ökologischen Bewegung in ihrem Glauben und Handeln zusammenbringen.

Die Bezeichnung eines Menschen als „Heiligen" wird mit diesem sprachlichen Kunstgriff entkonfessionalisiert. Dabei ist dieses Buch ohnehin von der Überzeugung getragen, dass die konfessionellen Gräben der Vergangenheit einem ökologisch fortschrittlichen Christentum, das sich in gutem Handeln an der Welt und in der Welt zeigt, eher im Wege stehen als zu nutzen.

Im gesamten Buch werden biblische Episoden vor dem Hintergrund des Themas fantasiereich umerzählt. Es entspricht der Auffassung des Autors, dass die Weltprogrammschrift Bibel zwischen den Zeilen, Kapiteln und Versen jener Texte, die in meistens guten Übersetzungen vorliegen, in die Zeit und vor die Bühne der Herausforderungen der Zeit auch anders erzählt werden kann, solange der in die biblischen Episoden hinein erzählte Zeitgeist dem Heiligen Geist den letzten Wahrheitsanspruch überlassen kann.

Dieses Buch ist von mindestens **drei Grundideen** geprägt.

Die **erste** ist die, *dass die Menschheit die Welt Gottes schöpferischem Wort verdankt,* wie auch immer der Prozess gelaufen sein mag.

Die **zweite** ist die, *dass der christlichen Trias von Glaube, Liebe und Hoffnung die bewahrende Trias der Ökologie von Frieden, Gerechtigkeit und Heil zugefügt werden muss,* die sich als eine Ausdrucksform der Liebe zu Gott und den Menschen zeigen wird, die Jesus als höchstes Gebot verstehen kann.

Die **dritte** Grundidee ist die, *dass die in der Bibel seit Jahrtausenden vorliegenden Texte für fantasievolles Erzählen geöffnet werden dürfen,* wenn es mit Respekt und Glauben geschieht.

Teil 1

Eine Herausforderung

(Lukas 10, 1 – 28)

Da kommt einer der ganz Frommen im Land zu Jesus und fragt ihn: „Sag mal, Jesus, was muss man eigentlich tun, um das ewige Leben zu erben?“
Jesus sieht den so Fragenden schweigend an.
Ein anderer von den ganz Frommen im Land übernimmt die Frage, bevor Jesus antworten kann. „Mein Freund meint mit seiner Frage: Was muss ich tun, um in den Himmel zu kommen?“
Beide Schriftgelehrten – wie sie sich nennen – schauen Jesus erwartungsvoll an und hoffen ein bisschen, dass Jesus jetzt etwas sagt, das ihre Vorurteile gegen ihn und seine Predigt bestätigen wird. Die meisten Schriftgelehrten können Jesus nicht gut leiden, weil er den frommen Traditionen und Handlungen nicht dieselbe Wichigkeit einräumen kann, wie diese fromme Gruppierung.
Jesus antwortet mit einer Gegenfrage: „Dass jemand gern in den Himmel kommen möchte, ist schon ein Weg in den Himmel. Dass jemand Gott zutraut, dass er ewiges Leben geben kann, ist schon ein Weg dazu. Aber was sagt denn die Tradition zu dieser Frage? Davon versteht ihr beide ja mehr als ich.“
Ein wissendes Glänzen tritt in das Gesicht des einen Fragers. Das kennt er auswendig: „Da steht: Du sollst Gott deinen Herrn von ganzem Herzen lieben, von ganzer Seele, mit allen Kräften und deinem ganzen Gemüt, und deinen Mitmenschen sollst du lieben wie dich selbst.“

Jesus sieht die beiden Fragenden an und applaudiert leise. „Das ist genau die Antwort. Ihr habt verstanden, worum es geht. Genau das ist die Herausforderung des Glaubens. Man soll Gott von ganzem Herzen lieben und ihn in der Welt gelten lassen. Man soll danach fragen: **Was will Gott jetzt von mir?** *Man sollte ihn in sein Leben aufnehmen und versuchen, dem Leben der Mitmenschen schon heute ein Stück vom Himmel zu bereiten. Man soll Mensch und Tier und Luft und Wasser und Baum und Blume mit Würde ausgestattet sehen, die es verbietet, rücksichtslos und verächtlich mit ihnen umzugehen."*

Von der Freiheit, die Bibel zu erzählen

Wer sich in der Bibel und ihren Geschichten auskennt, wird in der eben erzählten Begegnung Jesu mit den Schriftgelehrten über das „neue Gewand" einer vertrauten altbekannten Bibelstelle „gestolpert" sein. Es gehört zum Konzept dieses Buches, biblische Geschichten sprachlich so umzugestalten, dass sie ohne gravierende inhaltliche Abstriche in den neuen Kontext der ökologischen Debatte gestellt werden können.

Man kann fragen, ob das erlaubt ist, und der Autor gibt seine Antwort mit den 60 biblischen Geschichten und Bezügen, die er in diesem Buch insgesamt erzählt. Seine Antwort lautet: Ja! Es ist nicht allein erlaubt, sondern es ist notwendig, die Bibel als eine Glaubensurkunde zu betonen, die auch im 21. Jahrhundert lebensfreundliche und verheißungstragende Kraft hat.

Im Laufe der zurückliegenden Jahrhunderte haben sich immer wieder Künstler*innen die Aufgaben gestellt, biblische Szenen zu malen oder zu gestalten. Nicht allein aus der Unkenntnis historischer Fakten heraus – wie sollten denn zum Beispiel Maler*innen des 16. Jahrhunderts über Kleidung oder Umwelt biblischer Szenarien ein genaues Bild haben – sondern vor allem im Rahmen der künstlerisch kreativen Freiheit entstanden Bilder von unschätzbarem religiösem aber auch kulturellem Wert.

Die großen Maler gaben ihren Figuren nicht nur oft die Gesichter von ihnen bekannten Zeitgenossen, sondern kleideten die gemalten Protagonisten auf ihren Bildern auch in der Mode der Zeit und ihrer Welt. Damit nahmen diese Künstler der „Heiligkeit“ der Szenen, die sie aus ihrem Kopf mit dem Pinseln auf die Leinwand brachten, nichts. Eher im Gegenteil ließen diese Kunstwerke die biblische Botschaft den zeitgenössischen Betrachtern aktuell erscheinen.

Was nun so vielen bildenden Künstler*innen in der Geschichte des Christentums nicht allein recht und billig war, sondern was auch als legitim im Sinne der kirchlichen Autoritäten erschien, darf auch heute noch in erzählender „Kunst“ angewendet werden.

Die Stärke der Bilder mit biblischen Motiven liegt darin, dass den Betrachtenden die Freiheit zum eigenen Weiterdenken angeboten wird. Durch das Gemälde hindurch eröffnet sich die ferne Welt der Bibel dem eigenen Erleben.

Dass es dabei geradezu zwangsläufig zu Anachronismen kommen wird, ist als ein durchaus erlaubtes Stilmittel anzusehen.

… aber bitte mit Bibel

„Eine Bibel eignet sich für allerlei", erzählt Michael. Damals beim Umzug in die neue Wohnung hat er gemeinsam mit seiner Frau eine uralte und sehr schwere Kommode in das geräumige Wohnzimmer gestellt. Auf einem Möbelflohmarkt war „das Ding" preisgünstig zu haben, weil es weder als eine echte Antiquität noch als ein zeitgeistiger Modeartikel gelten konnte.
Als abends die Kommode aufgestellt werden sollte, bemerkte Michael, dass beim Umzug einer der hinteren hölzernen Füße verloren gegangen war.
Das Telefonbuch war nicht hoch genug, um den Fuß zu ersetzen. Als dann aber noch die Bibel darauf gelegt wurde, stand die Kredenz wackelfrei.
Ursprünglich war die Idee, einen neuen Holzklotz zu besorgen.
Jetzt liegt die Bibel schon seit vielen Jahren auf dem Örtlichen unter der Kommode.

„Eine Bibel eignet sich für allerlei." Dieser Satz stimmt.

Zunächst eignet sich die Bibel natürlich dazu, sich aus ihr die Geschichten erzählen zu lassen, die Gott mit der Welt und den Menschen verbinden.

Sie eignet sich dazu, in ihr zu lesen und Worte zu finden, die gute und schlechte Zeiten mit der Wirklichkeit Gottes zusammenbringen.

Die Bibel eignet sich dazu, Menschen wie Adam und Eva, Abraham, Mose, Jesus, Paulus und all die anderen kennenzulernen.

Sie eignet sich zum Gebrauch im eigenen Haus, auf Reisen und immer wieder im Gottesdienst. Die Bibel eignet sich zum Predigen.

Eignet sich auch zum fantasievollen Erzählen.

Für dieses Buch wird sich die „grüne“ Brille aufgesetzt und mit ihr auf der Nase wird aus der Bibel erzählt. Die Bibel eignet sich auch zum Kronzeugen jener Menschen, die Nachhaltigkeit und Zukunft inmitten einer ökologischen Krisensituation einfordern.

Biblische Episoden und Geschichten können „grün“ gelesen und erzählt werden. Dazu wird in diesem Buch ein Versuch unternommen.

Die Bibel ist ein Buch, angefüllt mit Tendenzgeschichten, erzählt von Menschen, die ganz bewusst tendenziös die Seiten füllten. Ihre Tendenz war die, von Gott, von Gottes Geschichte mit der Welt und dem Volk Israel, von Gottes Sohn Jesus und von Geschehnissen zu erzählen, die Gottes Herrschaftsanspruch in der Welt über alle Zeiten hinweg ein für alle Mal klären sollten.

Gott gilt!

Das Weltprogramm Gottes gilt!

Solange diese Grunderkenntnis der Erzähler*innen der biblischen Texte nicht beeinträchtigt wird, wird sich in diesem Buch die Freiheit genommen, in die original seit Jahrhunderten vorliegenden Texte mit der Tendenz hineinzuerzählen, dass die ökologische Krise dieser Zeit auch im Hören auf die Bibel gelöst werden kann.

Die Bibel eignet sich auch als Gegenwartsbuch. Wenn man dieser Feststellung zustimmen kann, wird man es auch erlauben, dass sich die Gegenwart in Worten und in Dingen in biblischen Texten wiederfinden darf. Manches, was zweitausend oder sogar dreitausend Jahre Geschichte als erzählerisches Kleid trägt, darf in neue Mode gewandet werden.

Biblischen Geschichten durch fantasiebegabte Neuerzählung gegenwartstaugliche Relevanz zu geben, ist ein „frommes Werk“, denn die Bibel eignet sich ganz sicher zu vielem, aber nicht dazu, sie als verstaubtes, altes Buch uninteressiert wegzulegen.

Die Gretchenfrage in neuem Kontext

Greta Thunberg ist seit ihrer Protestaktion mit dem „skolstrejk för klimatet“, die zum ersten Mal am 20. August 2018 für eine ganz neue Zukunftsrichtung der Ökologiebewegung sorgte, zur Front- und Symbolfigur der kommenden Generation im Kampf um das Überleben des Planeten Erde geworden.

Unter der Anstiftung Gretas versammeln sich rund um den Globus junge Menschen in den Fridays for Future-Demonstrationen. Es ist nicht egal, wie die derzeit regierenden Menschen mit der ökologischen Herausforderung in einer zu kollabieren drohenden Welt umgehen. Die Botschaft, die hinter all den Demonstrationen für eine Klimawende in der Umweltpolitik steht, lautet: „Lasst die Erde leben, damit sie auch für die nächsten Generationen bewahrt bleibt.“

In ihrer Rede vor der UN-Vollversammlung am 25. September 2019 fragt die Schülerin aus Schweden die Politiker*innen der Welt, warum sie sich einer konsequenten und unverzüglich wirkenden Klima- und Umweltpolitik immer wieder entziehen. Sie stellt die Greta-Frage: „How dare you! You have stolen my dreams and my childhood with your empty words.“

Die Greta-Frage appelliert an die politisch Verantwortlichen in der Welt, sich endlich der Zukunft zu stellen, die mit den schmelzenden Polkappen, der Klimaerwärmung, dem Artensterben bedroht ist. „Wie könnt Ihr es wagen, der nächsten Generation den Traum einer schönen Welt zu nehmen …?“

Es ist ein zumindest hier anzumerkender Zufall, dass im deutschen Sprachgebrauch „die Gretchenfrage“ zu einer Frage geworden ist, die eine klare Positionierung herausfordert. Wird jemandem im umgangssprachlichen Deutsch die „Gretchenfrage“ gestellt, geht es bei der Antwort darum, sich nicht länger zu drücken oder „herumzueiern“, sondern klare Worte zu finden.

Die Herkunft dieses Idioms „Die Gretchenfrage stellen …“ liegt dabei in Johann Wolfgang von Goethes Faust I. Dort fragt das Gretchen den um sie werbenden Heinrich Faust: „Nun sag: Wie hast du es mit der Religion?“

Für die Lektüre dieses Buches ist die Antwort bei der Gretchenfrage an den Autor deutlich mit einem: „Ich fühle mich unlöslich mit der Religion der Christenheit verbunden.“

Unter dieser Antwort auf die Gretchenfrage unserer Zeit, die lauten muss: „Nun sag: Wie ernst ist es dir mit dem Umweltschutz?“ wird die Bibel als ökologisches Grundsatzprogramm für eine radikale Umkehr von einer menschen-, pflanzen- und tierverachtenden Politik gelesen, die sich immer weiter davon abkehrt, sich letztlich dem Göttlichen oder Gott gegenüber in Verantwortung zu sehen.

Gott wollte nie die Abrissbirne
(Jonas Geschichte)

Das Bild der Abrissbirne, die den Globus bedroht, mag drastisch gewählt sein, aber es gibt das Gefühl wieder, das viele Menschen angesichts der umweltpolitischen Langsamkeit und Behäbigkeit der politischen Wendeprozesse vom Weg der Zerstörung auf einen Weg der Bewahrung haben. Davon, dass der Gott der Bibel tatsächlich lieber bewahrt als zerstört, erzählt das alttestamentliche Jonabüchlein. Aus der Drohung der Zerstörung der Stadt Ninive kann durch Umkehr von falschen Wegen die Verheißung neuer Zukunft werden. Im Folgenden wird das Jonabuch als ökologisches Märchen erzählt.

Jona

1. *Jona wird von Gott beauftragt, den Menschen in Ninive zu predigen, dass sie wieder anfangen sollen, das Gute zu tun. In Ninive läuft vieles falsch. Ganz falsch! Menschliche Großmannssucht gestaltet die Welt nach menschlichem Bilde, und dabei bleibt so vieles auf der Strecke, was Gott in den ersten Tagen der Welt sehr gut geschaffen hatte. Aus dem „sehr gut" der ersten Tage wird ein „gut" der zweiten Tage, ein „ganz in Ordnung" der dritten Tage, ein „bisschen gut" der vierten Tage und dann ein „immer schlechter" der kommenden Tage. Das will Gott nicht*

zulassen. „Predige und bring die Menschen zurück auf den Weg des ‚Sehr gut!'", trägt Gott Jona auf.
Jona will das nicht tun.
Er läuft vor Gottes Auftrag weg. Kommt an das große Meer, sieht ein Schiff, das ihn nach „Nichtswiewegvonhier" bringen soll, versteckt sich vor Gott und verreist an sein Ziel, von dem Gott nichts ahnen kann.
Aber Gott behält den Wegläufer im Auge. Bringt die Besatzung des „Nichtswieweg-Schiffes" dazu, Jona in der Mitte des Meeres im Nirgendwo über Bord zu werfen.
Jona wird ertrinken. Das ist sicher!
Da kommt ein Fisch mit einem Maul so groß wie eine Schuppentür und verschlingt Jona. In einem trockenen Raum im Bauch des Fisches hofft Jona auf ein Überleben. Dankt Gott sogar: „Das Wasser stand mir bis zum Hals. Ich hatte keinen Boden unter den Füßen. Du hast mir geholfen. Ich danke dir, mein Gott."
Und dann sieht sich Jona in seinem Rettungsraum um. Im Bauch des Fisches!

2. **Das wird mir niemand glauben, wenn ich das erzähle,** *denkt Jona im Bauch des Fisches. Und als ob seine Gedanken laut ausgesprochen worden wären, antwortet der Fisch: „Bei Gott sind Dinge möglich, die unmöglich sind."*
Zwischen Jona und dem Fisch entwickelt sich ein Gespräch. „Woher wusstest du, wo ich bin?", fragt Jona. „Wieso rettest du mich?"
„Gott hat mich geschickt, und obwohl ich eigentlich keinen Menschen retten wollte, wusste ich, dass es keinen Sinn hat, Gott zu widersprechen – und schwamm los."
„Wieso wolltest du keinen Menschen retten?", fragt Jona nach – und der Fisch wird traurig.

„Hast du mal hingeschaut, was die Menschen mit dem Meer machen? Hast du mal hingehört, wie alle Tiere des Meeres um menschliches Erbarmen rufen? Ihr Menschen zerstört, was uns das Leben schenkt und erhält. Ihr liebt das Meer und die Strände – sagt ihr – und trotzdem bringt ihr um, was ihr angeblich liebt."
Jona sagt: „Ich wollte auch nicht nach Ninive. Hat Gott dir befohlen, mir auch eine kleine Predigt zu halten? So über das Verhalten meiner Art gegen eure Art?"
Der Fisch antwortet: „Nur weniges lässt sich nicht ändern, wenn man es wirklich ändern will. Predige den Leuten in Ninive, dass Umkehr nötig ist, bevor die Erde sich gegen die Menschen kehrt. Ja, ich habe Gottes Auftrag, dich zu retten nur mit innerem Zögern gehorcht, aber es geht auch um mich, um uns, um das Leben. In diesem Sinne rette ich auch mich, wenn ich dich rette und du die Menschen zur Umkehr bringen kannst."

3. *„Ich komme mit dem Auftrag Gottes, euch zu ermahnen und zu erinnern, dass ihr falsch lebt", predigt Jona auf Straßen und Gassen der Riesenstadt Ninive. „Ihr nehmt euch Platz, den ihr der Natur verweigert, ihr seid rücksichtslos gegen Boden, Wasser, Tiere und Menschen. Euer Müll verdreckt die grünen Flächen, eure Gifte töten Mücken, Fliegen, Bienen und Schmetterlinge, euer Hochmut lässt euch denken, dass ihr alles dürft, solange es euren Reichtum fördert, eure Dummheit lässt euch denken, dass ihr klug seid. Lasst euch von eurem Gott daran erinnern, dass ihr Menschen seid! Erkennt, dass ihr den Ast absägt, auf dem ihr sitzt! Das Leben darf nicht mit Lieblosigkeit, Rücksichtslosigkeit und Gier verschüttet werden. Gott gibt euch nur noch vierzig Tage, an denen ihr*

umkehren könnt. Dann wird Ninive zerstört! Rettet euren Lebensraum!“
Jona hat damit gerechnet, dass sich die Leute mit den Zeigefingern an die Schläfe fassen, um ihn einen Spinner zu nennen. Jona hat damit gerechnet, mit faulen Eiern beworfen zu werden, weil seine Predigt als Publikumsbeschimpfung verstanden würde. Jona hat damit gerechnet, mit Schimpf und Schande aus der Stadt vertrieben zu werden.
Jona hat nicht damit gerechnet, dass die Menschen erschrocken in sich gehen würden. „Stimmt, was Jona sagt“, sagten sie. Und sie kehrten um und retteten sich und das Leben ringsum. Und so erlebten alle den Morgen des einundvierzigsten Tages – und Ninive wurde nicht zerstört.

4. Jona war jetzt nicht zufrieden. „Warum, Gott, lässt du mich den Menschen deine Strafe predigen, wenn sie nicht kommt?“

Und Gott sagte: „Ich habe kein Interesse daran, an meine Welt mit der Abrissbirne zu gehen. Ich habe diese Welt gebaut und habe sie liebgewonnen. Ich habe mein Gleichgewicht von Leben und Sterben, von Wachsen und Vergehen, von Säen und Ernten in die Welt gegeben. Das alles soll erhalten bleiben. Ich danke dir für deine Predigt. Gut gemacht! Mein lieber Jona, die Abrissbirne ist für mich keine Option für Ninive oder irgendeinen anderen Ort auf der Welt."

Teil 2

Vom Herrschen und Bebauen

In der Bibel des Alten Testaments gibt es eine Fabel, die davon erzählt, dass die Bäume einen König suchen. Im theologischen Zusammenhang geht es dabei darum, dass dem Volk Israel eine kritische Haltung dem Wunsch gegenüber eingenommen wird, dass auch das Volk Israel einen König haben möchte wie all die anderen Völker ringsum. Bis dahin galt das Königtum Gottes. Der Repräsentant des Königs „Gott", Jotam, erzählt dem Volk die Fabel vom Königtum des Dornbusches. Mit dieser Fabel wird – wenn man so will – eine politische Gesetzmäßigkeit erzählt. Diese Gesetzmäßigkeit bedeutet, dass das Streben nach und das Innehaben von Macht immer auch bedeuten kann, dass Macht missbraucht wird. Die Bibel erzählt davon, dass Gott den Menschen Macht auf der Erde und über die Erde gegeben hat. Dass diese Macht dazu führen konnte, dass die Erde am Rand einer globalen Zerstörungskatastrophe steht, hängt auch damit zusammen, dass die Herrscher der Welt eben nicht immer die Besten sein wollen, sondern die Ehrgeizigsten und die, denen Macht viel bedeutet. So führt das Herrschen jener, die die Macht haben, nicht immer zum Besten, sondern zur Mehrung von Macht. In die ökologische Krise der Gegenwart wurde die Welt auch darum geführt, weil zum Herrschen nicht das Bewahren des Guten gehört, sondern der Ausbau und die Erhaltung von Macht.

Die Bibel wird damit im Folgenden zum Kronzeugen des Willens Gottes, dass der durch Gier und Geiz und Eigennutz betriebene Raubbau an den Ressourcen der Erde zwar der Lust des Menschen nach Herrschaft entspricht, aber nicht der Liebe Gottes zu einer wunderbaren Welt.

Ene mene muh ... und dran bist du

(Richter 9, 8 – 15)

Die Bäume gingen hin, um einen König zu wählen. Weil der Ölbaum die Fruchtbarkeit des Landes auf wunderbare Weise repräsentierte und seine Früchte Wohlstand versprachen, fragten die Bäume den Ölbaum: „Willst du unser König sein?“

Der Ölbaum lehnte dankend ab. „Die Frage ist sicher gut gemeint“, sagte er. „Aber ich bin mit meiner Position überaus zufrieden. Nein, ich will nicht euer König sein.“
Da gingen die Bäume zum Feigenbaum. Auch er hatte einen guten Ruf im Land. Schmackhafte Früchte krönten seine Ernte.

„Willst du unser König sein?"
Der Feigenbaum lehnte geehrt, aber dankend ab. „Ich habe kein Interesse am Herrschen. Ich bin zufrieden, so wie es ist."
Da gingen die Bäume zum Weinstock. „Willst du unser König sein?"
„Der Wein erfreut das Herz aller Menschen", antwortete der Weinstock. „Nein! Ich will nicht euer König sein. Mir liegt nichts daran, in der vordersten Reihe zu regieren."
Da gingen die Bäume zum Dornbusch. Der hatte eigentlich nichts zu bieten, blieb aber noch übrig. „Willst du unser König sein?"
Der Dornbusch brauchte nicht lange zu überlegen. „Ich will euer König sein", antwortete er. „Ich werde herrschen, befehlen und euch mit meinen Dornen beschützen, wenn ihr euch verstecken müsst. Aber wenn ihr meinen Befehlen nicht gehorcht, werde ich euch zerstören."

Die angefragten Bäume, die kein Interesse am Herrschen haben, lehnen die ihnen angebotene Macht ab. In diesem Buch wird darauf hingewiesen, dass Gott dem Menschen die Erde zum „Bebauen und Bewahren" anvertraut hat. Es wird zitiert, dass Gott sagt: „Macht euch die Erde untertan …". Aber es wird auch darauf hingewiesen, dass dieses „Untertan machen" niemals bedeuten kann, dass die Erde zerstört wird. Es bedeutet „Macht euch zu eigen, was die Welt bietet!", und behandelt es wie das Eigene, das sorgsam gehütet und geschützt werden soll. „Macht euch zu eigen, was die Erde zu geben hat." Das bedeutet: „Vererbt in unbeschadetem und gutem Zustand, was euch gegeben wurde."

„Da haben wir den Salat ...!"

Selbst in Zeiten, in denen die Geschichten der Bibel längst nicht mehr den meisten Menschen bekannt sind, hat sich die Schöpfungsgeschichte noch nicht aus dem Gedächtnis unserer Gesellschaft verloren. Der biblische Bericht von der Erschaffung der belebten Erde in sechs bzw. sieben Tagen wird von wenigen immer noch als Tatsache des Glaubens behauptet, von vielen anderen als lange widerlegter wissenschaftlicher Irrtum dargestellt und von dritten so gedeutet, dass der Glaube jener biblischen Journalisten, die sich den Schöpfungsbericht ausdachten, und die Tatsachen der Wissenschaft kompatibel bleiben.

Für religiöse Menschen – ob sie wortgetreu glauben wollen, wie es in der Bibel steht oder ob sie dem Göttlichen aufgeklärt und emanzipiert gegenübertreten – hat Gott mit der Schaffung der Welt zu tun. Sein schöpferisches Wort hat nach dem Zeugnis der Bibel den Prozess „Erde" in Gang gesetzt. In der Bibel findet das in den bekannten Worten Ausdruck: „Im Anfang schuf Gott Himmel und Erde ..." (Genesis 1,1)

Es folgt dann auf diese bekannten sieben Anfangsworte der gesamten Bibel des Alten und des Neuen Testaments der Bericht, wie Himmel und Erde entstanden, Wasser und Land geteilt wurde und wie die Himmeslkörper und die Pflanzenwelt dem schöpferischen Wort Gottes entsprungen sind. Fische, Vögel, Tiere folgen und ganz zum Schluss – als „Krone der Schöpfung" – wird der Mensch von Gott gebaut. Mit den Worten der Bibel geschieht das als Abschluss des sechsten Schöpfungstages, indem Gott zu sich selbst spricht: „Lasset uns Menschen machen, ein Bild, das uns gleich sei, die da herrschen über die Fische im Meer und über die Vögel unter dem Himmel und über das Vieh und über alle Tiere des Feldes und über alles Gewürm, das auf Erden kriecht." Dann erscheint der Mensch in Gottes an sechs Tagen arbeitsam zusammengestellter Welt. Mit den Worten der fantasiebegabten Journalisten, die den biblischen Schöpfungsbericht erdacht haben, sagt Gott zu den Menschen: „Seid fruchtbar und mehrt euch, füllt die Erde und macht sie euch untertan und herrschet ...!"

Seit diese Worte in der Bibel zu lesen sind, muss wohl deutlich gesagt werden: „Da haben wir den Salat!" Die Menschen – vor allem die der sogenannten christlichen Welt in der westlichen Hemisphäre – verstehen diesen Auftrag von Jahrhundert zu Jahrhundert immer mehr als Freibrief, mit der Welt das zu machen, was sie wollen und was ihnen technisch möglich ist. Und sie erheben – oder besser erniedrigen – die Welt so zum skrupellos zu nutzenden Selbstbedienungsladen für menschlichen Größenwahn und menschliche Gier.

„Macht euch die Erde untertan ...!" Das schlimme Ende, das bis heute in der Klimakrise, die unsere Welt dramatisch verändern wird, seinen Höhepunkt hat, wird von Gott selbst vorbereitet. Der Mensch versteht es mit einer fatalen Selbstverständlichkeit falsch, was mit dem „untertan-machen" gemeint sein soll und beginnt einen einzigartigen Raubzug durch die Erde, die ihm in allem, was sie zu bieten hat, unterlegen zu sein scheint.

„Herrschet ...!" Losgelöst von einer Theologie der Verantwortung dem Schöpfer und seinen Geschöpfen gegenüber, beginnt mit diesem Gott in den Mund gelegten Auftrag die Machtübernahme jener gottverdankten Mieter der Erde, die sich Mensch nennen. Im sogenannten „Zweiten Schöpfungsbericht", den theologische Journalisten ins Paradies verlegt haben, wo Gott aus Erde vom Acker den Menschen schafft, heißt es: „Und Gott der Herr nahm den Menschen und setzte ihn in den Garten Eden, dass er ihn bebaute und bewahrte."

Es klingt fast wie eine nachklappende Entschuldigung für die Erlaubnis im ersten Schöpfungsbericht zum „untertan machen" und zum „herrschen". Sicher haben es die theologischen Journalisten, die sich den zweiten Schöpfungsbericht ausgedacht haben, nicht so gemeint, und doch darf dieser zweite Bericht auch als eine Reaktion auf den ersten Bericht gesehen werden. Mit dem hier erwähnten Auftrag an die Menschen kommt dann allerdings so etwas wie ein ökologischer Urgedanke in die biblische Deutungsgeschichte.

„Bebauen und Bewahren", das hört sich ganz anders an als das „Macht euch die Erde untertan". Gott gibt hier die Freiheit, die Welt nicht allein zu verwalten, sondern auch zu gestalten. Menschliche Kultur bekommt die Legitimation zum Eingriff in die Natur. Die Welt als Garten wird zu einem Lebensort, den die Menschen kennen und von dem sie etwas verstehen. Der Mensch als Gärtner bleibt ökologisch im wahrsten Sinne des Wortes bodenständig, wozu auch gehört, dass er „vom Acker genommen" wurde. Gottes getöpfertes Geschöpf bleibt ein unbedingt zur Erde gehörendes Lebewesen, das die Freiheit zum Erfinden lebensbereichernder und lebensfördernder Kultur hat, dem allerdings der Auftrag bleibt, zu bewahren, was er sich unter die Ideen und Kräfte seiner Intelligenz nimmt, die immer neue Möglichkeiten erfindet, den Garten der Welt umzugestalten.

Gott und der Mensch in Gottes Garten. Wer auch immer diese Episode aus dem Beginn der Welt erzählt hat und damit in die Bibel brachte, auf den kann sich jede Bewegung berufen, die sich den Umweltschutz auf die Fahnen geschrieben hat.

Der biblische Text steht im 2. Kapitel der Genesis. Geschrieben von einer anderen theologischen Schule als der Schöpfungsbericht im 1. Kapitel. Bevor auf diesen ersten Bericht noch einmal eingegangen wird, liefert die Fantasie und das fromme Selbst des Menschen von heute eine variierte Erzählung der Erschaffung des Menschen aus Genesis 2 als „ökologischen Urgedanken" Gottes, der den deutlichen Auftrag zum „Bebauen und Bewahren" gibt, und der eine deutliche Grenze für menschliche Freiheit im Umgang mit der ihn umgebenden Natur setzt.

Der ökologische Urgedanke
(Genesis 2)

Es war zu der Zeit, als Gott Himmel und Erde machte. Da gab es auf der Oberfläche der Erde noch nichts. Kein Grün, kein Kraut. Flora und Fauna waren verborgen unter sandigem Grund, denn die große Trockenheit herrschte auf der Erde. Gott aber machte dieser lebensfeindlichen Trockenheit ein Ende. Er ließ die Wolken vom Himmel fallen, die alles befeuchteten. Das Wasser des Himmels erfrischte die Wüste. Gott knetete Gemisch aus Sand und Wasser in seinen Händen und erdachte den Menschen. Arme, Beine, Hände, Füße, Kopf und Körper – und als er auf sein Werk sah, blies er das Gebilde mit seinem Atem durch die Nase ins Leben. Das war der Mensch! Und Gott setzte ihn in einen Garten, den er wunderbar gemacht hatte. Bäume, Blumen, Edelsteine, Früchte, Tiere, Buntheit des Lebens hatte hier sein Zuhause, das der Mensch mit allen teilte. Fruchtbar und erhaben, faszinierend und von überschwänglichem Reichtum an Vielfalt und Arten. Gottes Garten!

„Bedien dich an allem“, sagte Gott freundschaftlich und doch herrschaftlich lächelnd zum Menschen. Und dann wies er auf einen Baum der Göttlichkeit. „Der gehört mir!“, lächelte Gott. „Ihr Menschen könnt alles haben, was sich hier in diesem Garten bietet. Aber: Lasst die Finger von dem Baum des Göttlichen!“

Der Mensch nickte erleichtert und froh, von so viel Gutem und von Gott selbst umgeben zu sein.

Und dann ließ Gott all die Tiere herbeikommen, die der Mensch nutzen und doch schützen sollte. „Ihr seid die Gärtner

und Verwalter dieses Gartens. Nennt die Tiere wie ihr wollt. Gebt ihnen Namen, nehmt sie in eure Dienste, aber bewahrt sie vor dem Bösen."
Und der Mensch belebte den Garten. Mann und Frau und das Gleichgewicht im Garten hing daran, dass der Mensch tatsächlich die Finger vom Baum des Göttlichen ließ.
Aber das tat der Mensch nicht ...!

Der göttliche Baum oder der Baum des Göttlichen soll – so erzählt es die Bibel – nicht angetastet werden. Seit Menschen die Bibel lesen, stellt sich ihnen die Frage, um was für einen Baum es sich handeln kann, der in biblischer Begrifflichkeit „der Baum der Erkenntnis des Guten und des Bösen" genannt wird. Die Antwort, die im Rahmen einer ökologischen Betrachtung der biblischen Geschichte zu geben sein wird, lautet: Es ist der Baum des ökologischen Gleichgewichts, der Wahrheit, dass allein Gott die Zusammenhänge der Welt bis ins Kleinste kennt. Es ist der Baum des Zusammenspiels der Natur in der Nahrungskette, des konsequenten Reichtums der klimatischen Verhältnisse und der Sicherung der Zukunft des menschenfreundlich variationsreichen Planeten Erde.

Zum Bewahren des Gartens Gottes gehört demnach die Einhaltung von Grenzen, zu der die Erkenntnis des Menschen gehört, dass ihm viel Gutes anvertraut wurde, dass ihm aber nicht alles erlaubt ist. Um diese Erkenntnis zu erlangen, wird vom Menschen verlangt, anzuerkennen, dass er bloß „die zweite Geige" im Schöpfungskonzert spielt und sich in einer gewissen Bescheidenheit und Demut zu üben hat. Diese Erkenntnis überfordert den Menschen, und sein Hang zum Großen oder zum Größeren zerstört den ökologischen Urgedanken Gottes, dass es „Unantastbares" in der Welt der Menschen geben muss.

Vor dem Gedanken, dass der Mensch sich vor dem „Bewahrungsgebot" aus Überheblichkeit, aus Gier oder aus ökonomischer Emanzipationslust drückt, es nicht ernst genug nimmt, die Finger nicht vom göttlichen Baum lässt, könnte sich eine andere Schöpfungsgeschichte ergeben. Eine Schöpfungsgeschichte, die unter der Rücksicht auf Gottes ökologisches Denken anders ausgehen könnte als die Schöpfungsgeschichte der Bibel.

Dazu folgt nun ein Rückgriff auf den ersten Schöpfungsbericht, der als biblische Urgeschichte nicht in den Worten der theologischen Journalisten wiedergegeben wird, sondern als mögliche Rettungsgeschichte der Schöpfung mit einem wenig biblischen, wenig erfreulichen und alle Bibelkenner*innen überraschenden Schluss endet.

Ein überraschender Schöpfungsbericht
(Genesis 1)

Bevor irgendetwas oder irgendjemand auf der Welt war, hat es schon Gott gegeben. Gott ist schon immer dagewesen. Wo er herkommt oder wie das sein kann, bleibt sein Geheimnis. Gott war schon da, und er machte den Anfang mit allem und jedem.
Als erstes blickte Gott sich um und sah nichts anderes als ein endloses Chaos. Da rief er ordnend in das Chaos hinein, dass es einen Himmel geben sollte und eine Erde. Und so kam es.
Aber die Erde war noch lange nicht so, wie wir sie kennen. Ein unfreundlicher Ort, auf dem das allergrößte Durcheinander herrschte.
Es war so ein Urmatsch aus Wasser und Erde und Steinen.
In allergrößte Dunkelheit waren Lichtpunkte wie eingewebt.
Es war ein Blitzen und Zucken und Verschwinden und Auftauchen.
Und Gottes erster Gedanke war jetzt, das Durcheinander zu ordnen.
So sagte er: „Die Erde braucht Licht, auf das man sich verlassen kann.“
Gott sprach in das Nichts: „Es werde Licht!“ und ordnete an, dass die Lichtpunkte sich von der Dunkelheit trennten. „Und es ward Licht.“
Beides aber wollte Gott behalten.
So gab er der Dunkelheit einen Platz und dem Licht einen Platz. Abwechselnd sollten sie sein oder vergehen. So entstanden Tag und Nacht. Dafür, das so hinzukriegen, brauchte Gott einen Tag.

Aber sein Werk war kein lebensfreundlicher Ort! Noch gab es kein Oben oder Unten im Drunterunddrüber des ersten Tages, als Gott die Welt erbaute. Oben und Unten wurde von Gott geschaffen. Das Oben nannte Gott Himmel und das Unten nannte er Erde. Dafür, das so hinzukriegen, brauchte Gott einen Tag.
Aber sein Werk war kein lebensfreundlicher Ort!
Da nahm sich Gott den Urmatsch vor, trennte Wasser vom Trockenen, schuf die Meere, Seen, Flüsse und Bäche, schuf fruchtbare Ebenen, schuf Wüsten, schuf Täler und Berge, schuf atemberaubende Landschaften, in die er Gras und Kraut, Büsche und Bäume meterhoch oder miniklein setzte.
Mit Freude an seinem Werk sah Gott sich das an.
Gut so, *dachte er bei sich selbst.*
Dafür, dass alles hinzukriegen, brauchte Gott einen Tag, den dritten Tag der Schöpfung.
Und doch fehlte noch so vieles, was seine Erde zum lebensfreundlichen Ort machen würde.
Am nächsten Tag machte Gott die Sonne, den Mond und die Sterne. Die Erde wurde zum bewohnbaren Ort. Lebensfreundlichkeit wuchs mit dem Schöpfungshandeln Gottes. Und als Gott auf Sonne, Mond und Sterne sah, sah auch er, dass alles sehr gut wurde, was er schuf. Im Wechsel von Tag und Nacht verging der vierte Tag.
„Jetzt ist es soweit", sagte Gott zu sich selbst und all dem, was er aus dem Nichts bereits geschaffen hatte, „dass in den Wassern der Erde und unter dem Himmel Leben sein soll."
Und Gott schuf den großen Walfisch, die kleine Krabbe, die Fische in ihrer Buntheit und in hundertfachen Größen. Und unter dem Licht der Sonne, hoch oben am Himmel flogen all die gefiederten Geschöpfe, die Vögel, die er in tausend Farben und Gestalten kleidete.

Das alles nahm einen weiteren Tag in Anspruch, den fünften. „Das ist sehr gut", stellte Gott fest, „aber noch nicht vollendet!" Und dann begann er den sechsten Tag damit, das Land mit einer abertausendfachen Vielfalt an lebendigem Getier zu füllen.
Gott schuf den Elefanten und die Kuh, die Giraffe und die Biene, gefiedertes Getier auf der Erde und Tiere mit Fell, zweibeinig und vierbeinig, gefleckt und gestreift, geschuppt und gepanzert. So war es an diesem sechsten Tag: Unter dem Himmel flogen die Vögel, im Wasser schwammen die Fische und an Land wuselte das vielfältige tierische Leben.
Und Gott lächelte über der Erde, sah, dass alles sehr gut war, legte seine Behutsamkeit auf alle Geschöpfe, gab ihnen Lebensfreude und schuf sie so, dass sie sich zwar mit seinem Segen, aber ohne seine wieder neu tätigen Hände vermehren konnten.
Nun besah sich Gott, was er geschaffen hatte und siehe, es war sehr gut.
„So wie die Erde jetzt eingerichtet ist", sprach Gott zu sich selbst und in die neugeschaffene Welt, „soll es sein. Sechs Tage lang habe ich einen lebensfreundlichen Raum für Tiere und Pflanzen geschaffen, und nun gilt es, diesen Raum zu erhalten. Ich könnte zu allem, was ist, noch einen Menschen schaffen. Das wäre schön, denn all die Tiere brauchen Namen und vielleicht auch eine ordnende Hand neben der meinen. Und doch muss ich zögern, denn meine Ordnung ist gut, am Ende wohl sogar sehr gut. Wenn ich nun noch Menschen schaffe, die ich nach meinem Bilde forme, dann muss ich ihnen Spielraum und Gestaltungsfreiheit geben. Menschen sollen dann über die Erde herrschen, sie sollen sie nutzen … und doch stellt sich die Frage: Werden sie sich der Freiheit des Denkens, des Tuns, des

Gestaltens würdig erweisen?"
Und Gott sah sich in seiner Schöpfung um, sah die Schwalbe, sah die Mücken spielen, sah die Blumen, die die Bienen nährten, sah wie eines ins andere griff und das eine vom anderen in seiner Schöpfung abhing. Sah das und in sein schöpfungsliebendes Herz legte sich eine Ahnung davon, dass der Mensch, den er frei und unabhängig schaffen wollte, dieses Gleichgewicht wohl nicht zu würdigen wüsste.
Vor seinen Augen entstanden Bilder von losgelösten Gewalten, die der Mensch wecken würde, ohne sie zu verstehen oder zu meistern, sah seine Schöpfung bedroht und auf dem Spiel.

Gier und Geiz, Eigennutz und Geifern ohne Maßen stellten sich vor sein göttliches Auge und Gott zögerte, fröhlich und mit

leichtem Herzen zu sagen: „Lasst uns Menschen machen. Ein Bild, das uns gleich sei, die da herrschen über die Fische im Meer und über die Vögel am Himmel und über das Vieh und über alle Tiere des Feldes und über alles Gewürm, das auf Erden kriecht."
Da fasste Gott einen Entschluss.
„Ich will noch eine Nacht darüber schlafen", sagte Gott zu sich selbst. Und so wurde aus Abend und Morgen der sechste Tag.
Am siebten Tag aber sprach Gott: „Dies ist mein Ruhetag. Ich werde morgen entscheiden, ob ich den Menschen schaffe, zu meinem Bilde als Mann und Frau."
Und dann legte Gott die Beine hoch, freute sich an seiner Schöpfung, hoffte, dass es niemandem gelingen würde, sie zu verderben. Denn sie war sehr gut!

Die allererste ökologische Herausforderung

Nun ist im Bisherigen viel von den ersten Menschen die Rede gewesen. Und ganz sicher konnten die ersten Generationen der Menschheit ihrem Lebensraum Erde, dem Garten Gottes, nicht denselben Schaden zufügen, den die Menschen heute anzurichten in der Lage sind. Nur noch unverbesserliche Optimisten könnten sich der Erkenntnis verweigern, dass die Menschheit den Garten der Erde mehr verwüstet als bewahrt und mehr zerstört als bebaut hat.

Gott selbst bereut es dem erzählerischen Willen jener theologischen Journalisten folgend, den Mensch auf die Erde gelassen zu haben.

Weil die zwar einzige und doch die nicht verhandelbare Grenze, die Gott den Menschen in seinem Garten Erde gegeben hat – Lasst die Finger vom Baum des Göttlichen! – vom Menschen überschritten wird, beginnt eine allererste ökologische Herausforderung für den Menschen, der bis dahin in Rundumversorgung durch die Fürsorge Gottes in paradiesischen Zuständen lebt.

Das, was hier „die allererste ökologische Herausforderung" genannt wird, ist die Tatsache, dass nach der Vertreibung aus dem Paradies des göttlichen Gartens Erde der Mensch selbst Hand anlegen muss, um sein Überleben in der rauen Wirklichkeit der un-paradiesischen Welt zu sichern.

Die Grenzüberschreitung, nun doch vom Baum des Göttlichen nicht die Finger gelassen zu haben und von der Frucht des Baumes zu essen, um „so zu sein wie Gott" – wie der paradiesische Gegenspieler, die Schlange, den Erfolg der Bisse von der göttlichen Frucht nennt – zieht den enttäuschten Zorn Gottes nach sich. Dieser Zorn drückt sich auch in der Strafmaßnahme aus, dass der Mensch nun „im Schweiße seines Angesichts sein Brot verdienen" muss. Das damit nun einsetzende Ackern und Graben, Säen und Ernten gehört in dieser mythisch-biblischen Zeit zu den ersten Eingriffen in die Urlandschaft der Welt und bedeutet so auch das Ende der ökologischen Unschuld. Jeder gerodete Baum und jedes umgegrabene Stück Wiese bedeutete einen Eingriff in das bis dahin an jener Stelle geltende ökologische Gleichgewicht.

Im Vergleich zum heutigen gnadenlosen Umgang mit der Natur ist das selbstverständlich nur eine Mücke in der elefantös gewordenen ökologischen Krise unserer Zeit, aber es ist ein Anfang.

Der Mensch muss sich den Boden, der ihn ernährt, „untertan" machen, um sein Überleben im Kampf gegen die Kräfte der Natur zu sichern. Er muss über den Boden „herrschen", und diese beiden neu zu erlernenden Fähigkeiten überfordern seine Demut und seine Bereitschaft zu „bewahren".

Man könnte Gott auf dreifache Weise die „Schuld" an der zunächst ja noch ganz harmlos beginnenden ökologischen Krise geben. Vorausgesetzt, man folgt der bildhaften Urerzählung der theologischen Journalisten, was wissenschaftlich ja nahezu als alles anders erwiesen ist. So sind wir immer stärker gezwungen, von der ökologischen Krise zu sprechen, weil sie mittlerweile unser Überleben auf der Erde gefährdet.

Zunächst hätte Gott – im allmächtigen Wissen um die Schwachheit des Menschen – auf die Erschaffung des Menschen tatsächlich verzichten müssen, um der Welt ein Angesicht der paradiesischen Zustände zu erhalten. Und wenn schon dieser Verzicht für ihn nicht denkbar war, weil er – vielleicht vom Schöpferstolz erfüllt – zu sich sprach: „Lasset uns Menschen machen, ein Bild, das uns gleich sei", dann hätte er den Baum des Göttlichen – wenn er ihn überhaupt in greifbare Nähe zum Menschen setzen wollte – besser schützen müssen. Und letztlich hätte er besser konsequent sein Wort umsetzen müssen: „An dem Tage, an dem du (von diesem Baum) isst, musst du des Todes sterben."

Bevor darauf weiter eingegangen wird, lohnt es sich, auf das dritte Kapitel der Genesis zu schauen, in dem die Geschichte vom „Sündenfall" erzählt wird. Sie wird hier als „Urgeschichte der ökologischen Verwüstung durch den Menschen im verlorenen Paradies" bezeichnet.

Die Urgeschichte der ökologischen Verwüstung
(Genesis 3)

„Schatz, ich habe dir diese Rosen gepflückt!“, kommt Adam von einem seiner Streifzüge durch das Paradies auf die kleine Lichtung im Wald, die Eva und Adam sich als Wohnplatz ausgewählt haben. Eva nimmt ihm die fünf roten Rosen ab und drückt sie in den weichen Boden des Gartens Eden – wie die beiden ersten Menschen ihre kleine Welt nennen. Unverzüglich ziehen die Rosen Wurzeln, verbreiten den lieblichsten Duft und wenden die Blüten der Sonne zu. Eva gibt ihrem Adam einen zärtlichen Kuss. „Du sollst mir nicht immer Blumen mitbringen! Wir haben es hier doch auch so soooo schön!“

„Ich habe nicht nur die Blumen dabei“, zwinkert Adam Eva zu. „Ich habe auch leckeren Salat und saftige Früchte mitgebracht.“

Als die beiden dann auf ihren weichen Kissen aus grünen Blättern sitzen und ihren Salat essen, blickt Eva versonnen auf zum Himmel und meint: „Gott ist so gut zu uns, Adam. Wir haben ein schönes Zuhause, einen wunderbaren Garten, all die Tiere, die uns umgeben – und wir haben uns. Das ist doch großartig“

„Wo du es sagst“, nimmt Adam einen großen Happen vom Salat. „Ich sprach mit den Gazellen, die dort hinten leben“ – Adam weist mit dem Finger nach Süden. „Sie haben jetzt eine Familie von Löwen in der Nachbarschaft und verstehen sich prächtig mit ihnen.“

„Gott hat das wunderbar eingerichtet", staunt Eva und streicht gedankenverloren mit der Hand über einen der makellos glatten Rosenstiele. „Es gibt wirklich nichts, worüber wir uns zu beklagen hätten. Unser Leben ist perfekt."
„Ja", lacht Adam und macht einen Witz, über den mittlerweile nur noch er lachen kann. „Unser Leben ist eben paradiesisch!"
„Wenn Gott heute abend durch den Garten gehen wird, um sich einen frischen Abendwind um die Nase wehen zu lassen, werde ich ihm wieder einmal sagen, wie schön er unsere Welt hier im Garten Eden gemacht hat. Wir essen von dem, was hier wächst und schlafen in der sicheren Gewissheit, dass uns nichts Schaden zufügen wird."
„Wie schön, dass wir einander haben …", nimmt Adam Eva herzlich in den Arm. „Gott hat es so wunderbar eingerichtet, dass alle hier im Garten einen Partner haben."
„Alle? Ich lach mich kaputt!", kommt nahezu unhörbar die Schlange in den Wohnraum der beiden. „Mich hat er wohl übersehen und allein gelassen! Nicht, dass es mich störte … ich bin und bleibe am liebsten für mich, aber … ich muss dir um der Wahrheit willen widersprechen. Nicht alle haben einen Partner!"
Eva und Adam haben natürlich keine Angst vor der Schlange. Sie ist eines der Wesen, die im Garten Eden wie sie selbst ihr Zuhause haben.
„Ich kann die Schlange nicht leiden …", flüstert Eva Adam trotzdem zu und Adam nickt unauffällig Beifall mit dem Kopf.
„Meine Ohren sind besser als ihr beide glaubt", spricht die Schlange. „Und mir ist es nicht wichtig, ob ihr mich mögt oder nicht! Alle hier im Paradies wissen, dass ihr beide Gottes besonderen Lieblinge seid. Nach seinem Bild geschaffen, heißt es, und was ist damit gemeint?", fragt die Schlange zynisch. „Am Ende seid ihr beide doch nur wie wir alle!"

„Gott hat uns diesen ganzen Garten geschenkt", widerspricht Eva. „Wir können hier machen, was wir wollen. Wir essen gut, genießen die Wärme und kommen aus dem Staunen nicht heraus, wenn wir durch den Garten spazieren. Bunte Blumen, noch buntere Vögel, hohe Bäume, frisches Wasser, Schmetterlinge in allen Farben des Regenbogens, Tiere, die sich mit uns unterhalten wollen … Gott meint es richtig gut mit uns. Uns ist hier alles möglich."
„Naja", zischelt die Schlange, „so wahnsinnig gut kann er es nun auch wieder nicht mit euch meinen, und alles ist euch bei weitem nicht möglich."
Adam schaut die Schlange fragend an. „Was meinst du denn damit?"
„Nun", antwortet die Schlange, „hat Gott euch denn nicht ausdrücklich verboten, vom Baum in der Mitte des Gartens zu essen? Wiederum sage ich um der Wahrheit willen: Alles ist euch hier längst nicht möglich!"
„Ach, du meinst Gottes Baum", lächelt Eva. „Das fällt gar nicht auf, dass wir von dessen Früchten nicht essen dürfen. Es gibt so viele andere Bäume, die reichlich die leckersten Früchte tragen."
„Gott hat uns in der Tat verboten, davon zu essen", bestätigt Adam. „Aber das ist doch kein Problem für uns. Dann lassen wir es eben. Gott hat gesagt, dass wir sterben, wenn wir von den Früchten essen."
„Hah!", wird die Schlange laut. „Da haben wir es! Eine Lüge mitten im Paradies und dann auch noch von Gott selbst!"
„Was soll das denn heißen?" Adam ist aufgebracht und es fehlt nicht viel, und er wird anfangen zu streiten, obwohl es dieses Wort im Paradies gar nicht gibt. „Gott lügt nie! Niemals!"
„Nun reg dich doch nicht auf", bleibt die Schlange ganz ruhig. „Was ich sagen will: Natürlich werdet ihr nicht sterben, wenn

ihr von der Frucht des verbotenen Baumes esst. Im Gegenteil, dann fangt ihr erst richtig an zu leben, weil ihr dann klug werdet! Und Klugheit ist das größte Gut, nach dem man streben kann. Gott will nicht, dass ihr klug werdet, weil ihr dann erkennt, dass euch selbst nicht viel fehlt, um Gott zu sein.“
„Ich glaube, das Beste wird sein, wenn du dich jetzt wieder wegschlängelst,“ sagt Adam. „Wir sind mit Gott eng befreundet. Wir sehen ihn, wenn er im Garten spazieren geht, wir reden mit ihm, wünschen ihm einen guten Abend und einen guten Tag … – rede nicht so über unseren Freund! Geh!“
„Ich geh ja schon“, wendet sich die Schlange ab. „Und doch … – ihr solltet mal darüber nachdenken. Welchen Grund sollte Gott haben, euch die Früchte seines Baumes zu verbieten, wenn es nicht Folgen hätte, vor denen Gott Angst hat … bei denen er fürchtet, dass ihr ihm seinen Platz streitig machen könntet?“
Die Schlange ist schon fast weg, als sie sich noch einmal umdreht.
„Wenn ihr das nächste Mal an Gottes Baum vorbeikommt, dann schaut einfach mal genau hin. So lecker aussehende Früchte wie an diesem Baum gibt es im ganzen Garten nicht noch einmal.“
Eva und Adam sitzen in ihrer Wohnung. Die gute Stimmung ist in brütendes Nachdenken umgeschlagen. Beide blicken der Schlange nach, die schon längst wieder verschwunden ist.
„Eigentlich …“, meldet sich Adam als erster nach langer Pause. „Eigentlich frage ich mich das jetzt auch.“
„Was fragst du dich jetzt auch?“, will Eva wissen.
„Warum uns Gott seinen Baum vorenthält …“ Dann kehrt das brütende Schweigen zurück.
„Hast du dir schon jemals gewünscht, zu sein wie Gott?“, fragt Eva in die Stille.

„Darüber habe ich noch nie nachgedacht", antwortet Adam ehrlich. „Aber seit die Schlange hier war, frage ich mich die ganze Zeit, wie die verbotenen Früchte wohl schmecken."
„Und ich fand sie eigentlich schon immer die Schönsten im Garten", merkt Eva beiläufig an.
„Eigenartig", kratzt sich Adam den Bart, „bis eben war es mir immer egal, warum uns der Baum Gottes verboten wurde. Und jetzt läuft mir das Wasser im Munde zusammen, wenn ich an die Früchte denke."
„Ob es auffällt, wenn wir eine nehmen …?", denkt Eva laut nach. „Verstehst du, bloß eine! Der ganze Baum sitzt voll von ihnen. Da ist eine irgendwie keine!"
Adam greift nach Evas Hand. „Komm, wir machen einen Spaziergang zum Baum Gottes. Nur mal schauen! Das ist ja nicht verboten … und vielleicht mal riechen …"
Händchenhaltend schlendern die beiden menschlichen Bewohner des Paradieses zur Mitte des Gartens. Sie haben keinen Blick für die fröhlich bunten Vögel, keine Ohren für das Brüllen der Affen, sie staunen nicht über die Größe der Nashörner und Elefanten, riechen nicht den lieblichen Duft der Blumen, der Bäume, der Kräuter – und stehen dann vor dem Baum in der Mitte es Gartens.
„Ihr werdet bestimmt nicht sterben, wenn ihr davon esst", sagt die Schlange, die am Baum auf die beiden gewartet zu haben scheint. „Aber Gott weiß, dass ihr an dem Tag, an dem ihr davon esst, die Welt mit neuen, klugen Augen sehen werdet, und ihr werdet sein wie Gott!"
Eva und Adam erschrecken zunächst. Sie hatten nicht damit gerechnet, hier der Schlange erneut über den Weg zu laufen. Eva schaut Adam an.
„So schlimm kann es doch nicht sein, oder …? Ich meine, wenn es Gott überhaupt auffällt …" Eva greift nach einer der

Früchte, befühlt sie mit der Hand. „Es fühlt sich gut an …“, sagt sie, und Adam meint: „Dann lass mich auch mal beißen, Eva!“
Ein winzig flüsternder Knacklaut, dann ist die Frucht vom Baum gebrochen.
Eva beißt herzhaft hinein.
„Lass mich auch mal beißen“, nimmt Adam sich die Frucht und macht auch einen großen Biss.
„Na bitte“, zischt die Schlange, „ihr habt beide gegessen und lebt noch immer!“
Ja, das stimmt!
Eva und Adam leben noch immer, aber es gibt trotz der Süße der Frucht keinen süßen Geschmack auf ihren Zungen. Die beiden schauen sich an und der Wunsch wird übermächtig, es rückgängig zu machen, was sie getan haben. Ihnen ist die Lust vergangen, die süße Frucht aufzuessen.
Adam dreht die angebissene Frucht in den Händen hin und her …
„Willst du noch einmal beißen?“, fragte er seine Frau.
„Nein!“, sagt sie, ganz kleinlaut geworden.
Ein neues Gefühl nimmt in Eva und Adam Platz. Das kannten sie bisher nicht. Sie wissen nicht, wie sie es nennen sollen. Es ist so ein Gefühl, etwas falsch gemacht zu haben, ohne die Möglichkeit, es ungeschehen sein zu lassen.
Die Leichtigkeit des paradiesischen Lebens ist irgendwie vorüber und als Eva Adam daran erinnert, dass es Abend wird und dass Gott wohl noch in den Garten kommen wird, um die kühle Brise zu genießen, können sich beide auf die Begegnung nicht mehr freuen. Sie suchen nach einem Versteck. Bis morgen wird ihnen vielleicht etwas einfallen, um eine Entdeckung der Tat zu vermeiden.

Adam legt die Frucht ins hohe Gras unter dem Baum. Die ist schon mal weg. Aber dieses Gefühl, etwas Falsches gemacht zu haben, das bleibt.
Im Versteck hinter üppig bewachsenen Büschen hören Eva und Adam Gott nach ihnen rufen.
„Eva! Adam! Wo seid ihr?"
Mit hochrotem Kopf antwortet Adam: „Wir sind hier! Hinter den Büschen. Wir verbergen uns vor dir, denn wir sind nackt und das finden wir nicht angemessen für eine Begegnung mit dir."
Gott fragt zurück: „Wer hat euch gesagt, dass ihr nackt seid? Ihr seid schon immer nackt gewesen und jetzt ist das plötzlich nicht mehr angemessen? Habt ihr von der verbotenen Frucht gegessen?"
„Es hat keinen Sinn, ihn anzulügen", flüstert Eva und Adam sagt: „Eva, die du mir als Frau an die Seite gestellt hast, wollte so gern davon probieren. Da habe ich auch abgebissen!"
Eva sagt: „Das stimmt so nicht! Ich wäre nie auf die Idee gekommen, von der Frucht zu essen, wenn mich die Schlange nicht irgendwie überredet hätte. Sie hat uns eingeredet, dass wir mal davon probieren müssten!"
Gott sieht auf die beiden Menschen, die da jetzt halb bedeckt von den Büschen vor ihm stehen.
„Es gibt noch einen Baum in diesem Garten, von dem Ihr nicht essen sollt. Das ist der Baum des ewigen Lebens. Ich kann euch nicht länger vertrauen."
„Müssen wir jetzt sterben, wie du gesagt hast?", fragt Eva.
„Nein!", antwortet Gott.
„Aber ihr müsst das Paradies verlassen …"
„Was bedeutet das?", kann sich Eva gar nicht vorstellen, dass es auch außerhalb des wunderbaren Gartens eine Welt gibt.

„Das bedeutet, dass euer Leben beschwerlich wird", antwortet Gott. „Du wirst Kinder bekommen, aber mit Schmerzen, und Adam wird arbeiten, aber immer wieder auch vergeblich. Eure Welt wird nie wieder Paradies sein und ihr müsst aufpassen, dass ihr sie nicht immer weiter verderbt"
Eva und Adam verstehen die Tragweite dieser Verbannung aus dem Paradies noch gar nicht, da wendet sich Gott an die Schlange. „Weil du diese böse Tat herbeigeführt hast, Schlange, setze ich Feindschaft zwischen dich und die Menschen. Sie werden in Zukunft aufschreien, weglaufen oder dich bekämpfen, wenn sie dich auf dem Bauch kriechend sehen werden."
Dann zeigt Gott Eva und Adam den Weg nach draußen, in eine Welt jenseits des Gartens Eden. Als die beiden Menschen schon fast das Paradies verlassen haben, ruft Gott ihnen noch ein „Halt!" zu. „Da draußen ist es nicht so heimelig und warm wie hier", sagt Gott. „Da werdet Ihr nackt nicht überleben." Und dann gibt er ihnen Kleider.
Als die beiden Menschen sich nach dem Tor umsehen, durch das sie das Paradies verlassen mussten, sehen sie einen Wächter Gottes, der das Tor bewacht. **Hier kommt ihr nicht mehr wieder hinein!,** *scheint der Wächter ohne Worte zu sagen.*
Eva und Adam beweinen das verlorene Paradies, aber sie kommen auch in der neuen Welt zurecht.

Ja, der Mensch und die Menschen kommen auch in der neuen Welt zurecht, aber im Verlauf der Generationen verliert sich die Erinnerung daran, dass die Welt als Garten konzipiert war, in dem es um den nötigen Respekt zwischen der Umwelt mit all ihren Anforderungen und Bedürfnissen geht und dem menschlichem Leben mit all seinem Streben und seinen Zielen. Die Respektlosigkeit des einen eigentlich verbotenen Augenblicks, in dem die Menschen gegen die Setzung

Gottes vom Baum der Göttlichkeit gegessen haben – und dem sicher zunächst tatsächliches Bedauern folgt – potenziert sich im Laufe der Generationen. Sie führt im biblischen Kontext zu jenem Ereignis, das dann auch das anthropologische Gleichgewicht unter den Menschen zerstören wird, die sich eigentlich als Einheit verstehen müssten, weil sie sich dem Schöpfergott verdanken und die dann nicht allein in Vielfalt, sondern auch in Zwietracht auseinandergeraten. Dieses Ereignis wird in den biblischen Geschichten von der „Sintflut" und vom „Turmbau zu Babel" erzählt. Es hat nicht zuletzt zu einer unguten Konkurrenz unter der Menschheit geführt. Sie zeigt sich darin, dass der ökologischen Sorglosigkeit der einen die noch größere ökologische Sorglosigkeit der anderen gegenübersteht.

Bevor jedoch diese Episode der Menschheitsgeschichte, wie sie in der Bibel von den theologischen Journalisten ihrer Zeit erzählt wurde, in einem neuen erzählerischen Gewand wiedergegeben wird, soll von Gottes durchaus nicht konsequentem Bedauern die Rede sein. Davon, dass er den Menschen geschaffen hat, der seine Welt mit Gewalt nicht nur gegen die Natur, sondern auch gegen andere Menschen vom ehedem gesprochenen „Es war sehr gut!" zu einem „Es wurde immer schlechter" bringt.

Diese in Kinderzimmerseligkeit gern erzählte Geschichte der Bibel überliefert eigentlich Schreckliches, nämlich das göttlich geplante Ende der Menschheit. Überhaupt nicht für Kinderherzen und eigentlich auch gar nicht für zarte Erwachsenenseelen geeignet, beginnen die theologischen Journalisten die dann folgende Geschichte von der Sintflut mit den die Menschen überführenden Worten: „Als aber der Herr sah, dass der Menschen Bosheit groß war auf Erden und alles Dichten und Trachten nur böse war immerdar, da reute es ihn, dass er die Menschen gemacht hatte und es bekümmerte ihn in seinem Herzen: Ich will die Menschen vertilgen von der Erde …" Leider hat

Gott – folgt man diesen Erzählern – vor, „das Kind mit dem Bade auszuschütten und will die ganze Schöpfung zurücknehmen. Hier spricht in der anthropomorphen Gottesvorstellung der Autoren des biblischen Textes ein ins Tiefste hinein verletzter und enttäuschter Gott. Dass diese anthropomorphe Vorstellung eines Gottes, der sich von Emotionen leiten lässt, nicht dem modernen religiösen Denken entspricht, ist selbstredend. Und doch kann es in der heutigen ökologischen Diskussion eine Hilfe sein, sich vorzustellen, dass das Verhalten der Menschen nicht nur die noch ungeborenen Generationen der Folgenden verletzt, sondern auch Gott.

Auf ein Wort ...

Bevor nun diese biblische Episode einer großen ökologischen Krise erzählt wird – die Geschichte der Sintflut – soll sich jenen großartig aufschreibenden Menschen zugewendet werden, denen wir die Geschichten aus der Urzeit der Erde und der Menschheit verdanken. Lange ging die theologische Wissenschaft davon aus, dass sie als Theologen – es ist höchst unwahrscheinlich, dass Frauen darunter waren, weil jene Zeit noch keine Geschlechtergerechtigkeit kannte – zur Zeit des Königs Salomo (972 – 932 v. Chr.) in Israel lebten. Man durfte sich dann vorstellen, dass der – in der Bibel wegen seiner Weisheit gerühmte – König Salomo diese Männer beauftragte, die Geschichte der Welt, wie sie entstand, aufzuschreiben und dabei auch einige der schon damals „Großen Fragen der Menschheit" zu beantworten.

Heute geht die Forschung davon aus, dass diese theologischen Journalisten sehr viel später ihre schriftstellerische Arbeit aufgenommen haben (nach 586 v. Chr.), um auf Erzählungen zu reagieren, die im „heidnischen" Umfeld ihrer jüdischen Religion erzählt wurden.

Solche Erzählungen von der Schöpfung der Welt, vom Ungehorsam der Menschen, von Flut und Zerstörung der Einheit gehörten selbstverständlich auch den anderen Religionen. Dort wurden verschiedene Gottheiten für die einzelnen Episoden der „Religions- und Weltgeschichte" in den andersreligiösen Narrativen verantwortlich gemacht. Für die Schreiber der biblischen Texte galt, den Alleinanspruch ihres Gottes auf die Geschichte zu betonen. Bei allen aufkommenden Fragen nach „Woher und Wohin" der Geschichte lag ihnen die Behauptung des Monotheismus im Herzen und in der Feder.

Auf die Frage „Wo kommen wir her?" antworteten diese Schriftsteller, die bisher als ‚theologische Journalisten' bezeichnet wurden, mit dem Schöpfungsbericht. In dessen Mitte und Zentrum steht das Handeln des Gottes, der sich jedenfalls bis zur Regentschaft Salomos in der Geschichte Israels als jener Gott erwiesen und gezeigt hatte, der dem Volk Israel aufs Engste verbunden war. Die Frage, wann diese Antworten verschriftlicht wurden, darf im Zusammenhang dieses Buches vernachlässigt werden. Diese Verbindung war sowohl durch die Bindung Gottes an die Ureltern Sara und Abraham, Rebekka und Isaak, Rahel und Jakob entstanden, als auch dadurch, dass er mit der Beauftragung des Mose sein Volk aus Ägypten führen ließ, wo es in Sklaverei lebte. Sicher darf heute davon ausgegangen werden, dass die Schreiber der Urgeschichten in der Bibel vom ersten Schöpfungstag bis zum Turmbau zu Babel keine geschichtlichen Fakten erzählen.

Die Theologen – wann auch immer sie saßen und schrieben – allerdings hatten einen anderen Geschichtsbegriff als der zeitgenössische Mensch. Sie schufen mit ihren Erzählungen Geschichte und zweifelten nicht am Wahrheitsgehalt des von ihnen Erzählten. Dabei ist der Kern der Wahrheit, die sie erzählen wollen, immer der, dass ihr Gott derjenige ist, der in der Welt der Menschen wirkt und der die Weltgeschichte voranbringt.

Aus diesem Grund ist es wissenschaftstheoretisch Unsinn, den Schöpfungsbericht der Bibel gegen die mittlerweile als Fakt anerkannte Evolutionstheorie auszuspielen. Die Wahrheit der Evolutionstheorie ist die millionenlang währende Entwicklung der Arten und Gestaltung der Erde. Die Wahrheit der Bibel lautet: ‚He' s got the whole world in his hand!' Das Sieben-Tages-Schema ist fromme Erfindung der theologischen Journalisten.

Es bleibt fraglich, ob es den großen Erzählern bewusst war, dass sie „phantastische Geschichten" verschriftlichten, die sie bisher nur mündlich überliefert bekommen hatten oder die ihnen aus einer religiösen Fremdwelt überliefert wurden, auf die sie mit der eigenen theologischen Deutungshoheit antworteten.

Eines aber ist gewiss: Mit ihren verschriftlichten Worten schufen sie eine religiöse Wirklichkeit sowohl für das Volk Israel als auch für alle nachkommenden Generationen bis in die heutige Zeit. Dass die Auseinandersetzung über die Tatsächlichkeit des journalistisch Erzählten bis heute Menschen trennt und streiten lässt, verbirgt die Wahrheit, dass auch die frei und religiös verantwortlich ausgedachten biblischen Geschichten die Wirklichkeit abbilden können, dass Gott der Herr der Welt ist.

In diesem Zusammenhang soll auch über das Gottesbild nachgedacht werden, das die Bibel zumindest in den ersten Kapiteln vermittelt.

Hier ist Gott dem Menschen gleichgestaltig gedacht. Das liegt auch darum nahe, weil die theologischen Journalisten am Hof Salomos immerhin den Satz in der ersten Schöpfungsgeschichte geschrieben haben: „Und Gott schuf den Menschen zu seinem Bilde. Zum Bilde Gottes schuf er ihn." (Genesis 1, 27) Diese „anthropomorphe" Gottesvorstellung begegnet uns in vielen Religionen. Dabei setzt sich der Begriff aus dem griechischen Wort „antropos“ = der Mensch und „morphä“ = Gestalt zusammen.

Dass der Mensch nach Auffassung der Erzähler der Urgeschichte „gottebenbildlich“ geschaffen wurde, nimmt Gott dabei nicht seine einmalige und heilige Unantastbarkeit. Sie bringt ihn aber dem Denken der Menschen näher. Es ist leichter, sich Gott als im Garten lustwandelnden Mann vorzustellen, als von ihm als einem metaphysischen Phänomen zu denken. Dass es sich bei diesem „menschengestaltähnlichen“ Gottesbild um einen Widerspruch zum Bilderverbot handeln könnte, darf dann vernachlässigt werden. Und zwar dann, wenn es klar bleibt, dass die menschenähnliche Gottesvorstellung nur dem Zweck dient, ihn den Menschen näherzubringen, ohne dabei Gottes Wesenheit in das Gefängnis eines Bildes zu stecken. Gott kann auch immer ganz anders sein. Zu seiner Heiligkeit gehört auch die Andersartigkeit jenseits der menschlichen Bilder.

Mit der anthropomorphen Gottesvorstellung verbindet sich dabei auch, dass Gott mit Emotionen wie Zorn, Enttäuschung, Vorlieben oder Hass ausgestattet wird. Im Rahmen dieser Vorstellung, zu der auch eine eigenartige Unentschiedenheit gehört, ereignet sich die Geschichte von der Sintflut. Gott hat zwar schon beschlossen, „die Menschen, die ich geschaffen habe, zu vertilgen von der Erde.“ Und dann heißt es doch: „Aber Noah fand Gnade vor dem Herrn.“

Was dann erzählerisch folgt, ist die Geschichte eines von Gott verordneten Klimawandels in der Natur, dem nur die Familie Noahs entgehen kann, weil sie sich der deutlichen und unabwendbaren Bedrohung des Klimawandels stellt. Sie verschiebt die Ansage des Klimawandels eben nicht auf einen Sankt Nimmerleinstag, der erst in vielen Jahren kommen wird und darum ruhig und gelassen angegangen werden kann, sondern sofort das eigene Handeln ändert. Noah und seine Familie bauen die Arche.

Der Klimawandel kommt ... jetzt!

(Genesis 7 + 8)

1. *„Du machst dich lächerlich", sagt Noahs Frau zu ihrem Mann am Frühstückstisch. „Meilenweit vom Meer entfernt baut man kein Schiff! Um jeden Tropfen Wasser sind wir froh, den wir für unsere Gärten und unser Vieh und uns selbst haben. Die Leute lachen sich kaputt, wenn du jetzt anfängst, ein Schiff zu bauen."*
„Gott hat es mir aufgetragen", nimmt Noah eine Handvoll Brei, kaut bedächtig und sagt dann: „Ich habe ihn ganz genau gehört. Er sprach zu mir: ‚Bau einen Kasten, der auf dem Wasser schwimmen kann. Ich habe genug von dem, was die Menschheit mit meiner Welt so anstellt. Ich bereue, dass ich den Menschen die Freiheit des Denkens und des Handelns gegeben habe. Sie benutzen sie für falsche Zwecke. Gier und Geiz und Gottlosigkeit nehmen Überhand. Meine gut geschaffene Welt wird ausgebeutet und als unerschöpfliche Ressource für menschliche Großmannssucht genutzt. Die Wunden, die die Menschen meiner Schöpfung schlagen, sind unübersehbar, das eigensüchtige Treiben der Menschen schlägt absurde Purzelbäume … Ich mache Schluss damit. Ich lasse eine Klimakrise kommen. Wo bisher kein Wasser war, werden die Fluten das Land überschwemmen, wo bisher reichlich Wasser war, wird Dürre kommen. Weil du, Noah, und deine Frau aber immer zu mir gestanden haben, weil du die Menschen deiner kleinen Welt gewarnt hast, mich in die äußerste Ecke ihres Lebens zu stellen, um mich nur

dann aus dieser Ecke zu holen, wenn es ihnen gerade passt … weil du und deine Frau Gnade in meinen Augen gefunden habt, sage ich dir: Bau dir einen Kasten, der auf den kommenden Fluten des Untergangs schwimmen kann, ohne unterzugehen.'"
„Du hast geträumt", wischt Noahs Frau die Worte ihres Mannes beiseite. „Gestern abend haben wir zu gut gegessen. Das hat dir im Magen gelegen und dir schlechte Träume bereitet. Noah, jetzt ist Zeit, aufzuwachen. Warum sollte Gott mit dir reden? Sein Erkennungszeichen ist das Schweigen."
„Gott hat mit mir geredet …", beharrt Noah. ‚Bau einen Kasten als Überlebensboot auf den Wassern der Sintflut, die ich kommen lassen will. Bau ihn so groß, dass er Platz bietet für dich und deine Leute und für alle Tiere, die in dieser Gegend leben, dass ihre Art nicht ausstirbt. Dafür sorgen die acht- und respektlosen Menschen. Ich selbst will alle erhalten. Nimm jeweils ein Weibchen und ein Männchen, dann kann es nach meiner Flut mit ihnen und ihrer Art weitergehen.'
„Noah!", sagte Noahs Frau mit bedrücktem Blick. „Noah! Hörst du, was du redest? Ein solcher Kasten, ein solches Schiff, muss größer sein als alles, was bisher gebaut wurde …"
„Ich bin nicht ohne Angst vor dieser Aufgabe, dass sie unsere gemeinsamen Kräfte und die Kräfte unserer Söhne und ihrer Frauen übersteigen kann", sagt Noah. „Aber es war Gott! Versuch es mir nicht auszureden! Gott hat zu mir gesprochen. Ich bin kein Fall für die Klappsmühle!"
„Wir haben schon immer daran geglaubt, dass Gott in unser Leben eingreifen kann", gibt Noahs Frau auf. „Wer seinen Auftrag hört, soll auch danach handeln! Natürlich

unterstütze ich dich, auch wenn du den Kindern von deinem Plan erzählst … Die werden dich zunächst auch für verrückt halten."

„Immerhin geht es um ihre Zukunft, die jetzt in meiner, äh, in unseren Händen liegt. Ich habe keine Ahnung, wieviel Zeit uns Gott gibt, bis seine Sintflut kommt, aber wir fangen schon heute an und im Vertrauen auf Gottes Ratschluss wird uns der Bau gelingen."

2. *„Hier müssen Zwischenwände eingezogen werden", geht Sem über die Baustelle. „Ich würde den Tieren ja auch gern mehr Platz gönnen, aber unser Kasten ist zu klein, um allen auch noch Auslauf zu gewähren." Ham und Jaffet*

nicken mit ihren schweißbedeckten Köpfen. Alle drei Söhne Noahs und seiner Frau haben sich letztlich überzeugen lassen, am Bau des großen Rettungskastens mitzumachen.
Der Alte ist durchgeknallt, *hatte Sem gedacht, als sein Vater ihm von dem Schiffsbauplan mitten auf festem Boden erzählte. Gesagt hat er das nicht, denn dazu hat er zu viel Respekt vor dem Vater.*
„Ich bin ein Hirte", hatte Ham gesagt. „Ich weide Schafe und Ziegen und kämpfe gegen ihre Feinde, und nun soll ich ein Bootsbauer sein …?" Er hatte auf seine Hände geschaut und sie über Kreuz übereinander gelegt. „Seht euch das an: Ich habe schon immer zwei linke Hände gehabt."
Jaffet, der dritte der Söhne, hatte gelacht und gesagt: „Warum denn nicht? … und wenn keine Sintflut kommt, machen wir eine Herberge aus dem Kasten. Für wandernde Aramäer oder anderes unstetes Volk."
Die Frauen der drei Söhne hatten mit den Schultern gezuckt und gesagt: „Mitgegangen, mitgefangen … natürlich sind wir dabei." Und alle drei stellten sich beim Bau des Kastens als richtig gute Handwerkerinnen heraus. Während Ham sich zwischen zwei übereinanderzulegenden Balken die Hand quetschte, Sem sich beim Ausstreichen der Ritzen mit Pech zwischen den Brettern fast das Gesicht verbrannte und Jaffet nahezu jeden Tag einen anderen Finger statt des hölzernen Keils mit dem Hammer traf, arbeiteten die drei Ehefrauen ohne Zwischenfall und immer mit Bedacht.
Natürlich kamen Nachbarn, die den Bau beobachteten und mit dem Zeigefinger diese typische Drehbewegung an der Schläfe machten.
„Der Noah ist verrückt geworden …"

„Die ganze Familie hat wohl einen Sonnenstich!"
„Wenn man nichts anderes zu tun hat, baut man eben ein Schiff auf trockenem Boden!"
„Es wird ein großer Regen kommen", erklärt Sems Frau. „Das Wetter ändert sich hier und mit ihm das ganze Klima. Wo Trockenes war, wird Wasser sein und wo Wasser war, wird Wüste werden. Ein großer Wandel kommt und um dafür gerüstet zu sein, bauen wir diesen schwimmfähigen Kasten."
„Wandel …", lachen die Leute. „Klimawandel, das ist doch Unsinn!"
Kopfschüttelnd lassen sie die Familie Noahs weiterbauen und halten sie allesamt für Spinner.
Immer dann, wenn der Bau einmal still liegt, sind alle aus Noahs Familie damit beschäftigt, Vorräte an Nahrung für Mensch und Tier anzulegen. Große Räume in dem Kasten füllen sich mit Heu und Gras und Körnern.

3. *„Schon tagelang ist der Himmel grau wie Blei", stellt Jaffets Frau eines Tages fest. „Ich habe einen solchen Himmel noch nie gesehen. Ihr werdet sehen: Noah hatte recht mit seinem Schiff!"*
Mit einem grellen Blitz und einem gewaltigen Donnerschlag öffnen sich die Schleusen des Himmels und es beginnt, ganz ohne eine tröpfelnde Vorwarnung, zu regnen wie aus Gießkannen.
„Das ist beängstigend", meint Ham, aber noch verschwindet das Wasser im Boden."
Noah kommt gelaufen. „Wir müssen uns fertigmachen! Gott hat mir aufgetragen, mit euch in den Kasten zu gehen."
„Und die Tiere?" fragt Sem.

„Das muss nicht unsere Sorge sein", winkt Noah ab. „Wir nehmen Schaf und Ziege, Hund und Katze und die anderen Tiere werden von Gott einbestellt."
Und so ist es: Im Laufe der nächsten Tage, an denen der Regen nicht weniger und die Pfützen immer größer werden, kommen die Tiere paarweise herbei. Durch eine große Klappe, die die Erbauer des Rettungsschiffes hineingebaut haben, laufen die Tiere in den Kasten, wo Sem, Ham und Jaffet und deren Frauen die Plätze anweisen.
Noah selbst geht umher und fordert von allen Tieren Frieden ein.
„Hier geht es um unser Überleben", sagt Noah. „Da kann niemand nur nach den eigenen Fressinteressen leben. Löwe, Lamm, Kaninchen und Wolf müssen einander vertragen. So ist es Gottes Wille während der Zeit im Bauch des Kastens."
Immer voller wird es auf dem Schiff und bald ist auch der letzte freie Platz belegt. Es mäht und blökt, trompetet und brüllt, zischt und faucht, gackert und piepst überall.
Aus den Pfützen werden langsam Seen, aus dem höher gelegenen Land werden Inseln und im heftigen Dauerregen verschwinden die Inseln unter der Wasseroberfläche.
Mensch und Tier außerhalb der Arche ergeht es schlecht. Die Wasser erobern die Erde, so wie Gott es Noah gesagt hatte: „Alles, was auf Erden ist, soll untergehen."
Und eines Tages schwimmt der Kasten. In ruhigen Bewegungen rollt und stampft das Rettungsschiff und schwimmt über den Wassern.
Die Menschen an Bord sind von morgens bis abends beschäftigt. Die Tiere müssen gefüttert, der Mist über Bord geworfen werden. Die Rationen werden von Tag zu Tag kleiner.

„Wir müssen das Futter einteilen", sagt Noahs Frau ernst. „Gott weiß, wie lange wir es aushalten können", beruhigt Noah seine Leute.

4. *„Wie lange sind wir schon in diesem Kasten?", fragt Hams Ehefrau. „Ich sehne mich nach Sonne und Licht und frischer Luft. Hier drin stinkt es zum Gotterbarmen …"*
„Ich habe mich daran gewöhnt", sagt Sems Frau. „Du musst mehr durch den Mund atmen …"
Sem meint: „Lieber ein wenig Gestank in diesem Schiff als draußen an der frischen Luft ersaufen!"
„Ja, wie lange sind wir denn schon hier?", will auch Jaffets Ehefrau wissen und Jaffet sagt: „Ich glaube, es sind vierzig Tage und Nächte …"
„Es kommt mir vor wie 150 Tage und Nächte", lächelt Noahs Frau. „Die Zeit dehnt sich in diesem Kasten und am Ende weiß es niemand so genau, wie lange, oder?"
Kaum hat Noahs Frau diese Worte gesagt, als ein gewaltiger Ruck durch den Kasten geht. Noahs Frau kann sich gerade noch an einem der Balken festhalten, die grob gezimmert überall die Stockwerke abstützen. Sems Frau landet überrascht auf dem Hosenboden und Jaffets Frau kann sich gerade noch breitbeinig balancierend vor einem Sturz retten.
„Was war das?"
Sem kommt gerannt. „Wir sind auf Land gelaufen …"
„Puhh!", ordnet Noahs Frau ihre Kleidung. „Da hat Gott wohl ein Einsehen gehabt und hat an uns alle – Mensch und Tier – hier im Kasten gedacht und der großen Flut ein Ende gesetzt."
Eilig laufen alle zu Noah, der ein bis dahin fest verschlossenes Fenster im Riesenrettungsboot geöffnet hat.

Hoch am jetzt wieder blauen Himmel steht die Sonne und weiße Wolkenfetzen, die von einem leichten Wind getrieben werden, fliegen vorbei.
„Wir müssen auf einem Berg aufgesetzt haben“, stellt Noah mit seinem Blick nach draußen fest, „denn immer noch sind wir vom Wasser umgeben.“
„Wie können wir denn herausbekommen, wann die Erde wieder einen lebenswerten Raum für uns und all die Tiere hier im Kasten sein wird?“, fragt Ham und Noah hat eine Idee.
Er holt einen Raben irgendwo aus dem Bauch des Kastens und lässt ihn durch das Fenster ins Freie fliegen.
„Was machst du, wenn der Rabe nicht zurückkehren kann, weil … naja, weil ihm vielleicht etwas zustößt“, fragt Frau Noah. „Dann haben wir nur noch ein Weibchen und die Art ist gefährdet.“
Noah lächelt. „Ich habe einen Raben und eine Taube mehr mitgenommen und auch noch ein Schaf und eine Ziege. Ich wollte in jedem Fall die Möglichkeit haben, Gott zu opfern, wenn wir unbeschadet aus diesem Kasten wieder an Land gehen können, um einen Neuanfang mit ihm und mit der Welt ringsum zu haben.“
Die Zeit vergeht, der Blick aus dem Fenster zeigt zwar zurücklaufendes Wasser, aber immer noch liegt um den Kasten die Wasserwüste und der Rabe kehrt nicht zurück.
Da lässt Noah eine Taube fliegen und weil die nichts findet, auf dem sie sich niederlassen kann, kehrt sie zurück zum Rettungsschiff.
„Noch ist es nicht soweit, dass wir das Schiff verlassen können“, sagt Noah, aber die Unruhe in den Ställen und Boxen, in den Kisten und Kästchen, in denen die Tiere

darauf warten, wieder laufen und springen, galoppieren und traben zu können, wächst von Tag zu Tag.
„Heute probieren wir es noch einmal", bringt Noah erneut die Taube zum Fenster und lässt sie fliegen.
„Hoffentlich bringt sie dieses Mal gute Botschaft", drückt Jaffets Frau die Daumen. Und tatsächlich kehrt die Taube mit einem Zweiglein zurück, an dem das Blatt eines Ölbaumes hängt.
„Die Wasser haben sich verlaufen auf Erden!", jubelt Noah und mit ihm die ganze Familie.

5. *Nach einer letzten Nacht im stinkigen und lauten Kasten, versammelt Noah alle seine Leute um sich.*
„Gott hat mit mir gesprochen", sagt er und dieses Mal zweifelt niemand daran, dass es tatsächlich Gott war, den Noah hörte. „Gott hat gesagt: ‚Verlasst den Kasten! Ihr alle könnt jetzt wieder lebensfreundlichen Raum auf der Erde finden. Lass die Tiere gehen und geh du selbst mit deinen Leuten und beginnt ein neues Leben.'"
Es kann den Tieren gar nicht schnell genug gehen, durch die große Klappentür ins Freie zu springen, zu hopsen, zu fliegen, zu galoppieren, zu kriechen. Im Handumdrehen ist der Kasten leer, der auf den Höhen des Gebirges Ararat aufgesetzt hat.
Zurück bleiben Noah und seine Frau, die Söhne und deren Frauen.
Staunend sehen die Menschen auf ein neues Farbenspiel am Himmel. Da steht ein bunter Bogen, der sich über das ganze Land spannt, hauchdünn aussieht, nicht zu fassen, aber wunderbar anzuschauen ist, in dem sich die Farben des neugewonnen Lebens wiederfinden lassen. Das Blau des Himmels, das Grün der Wiesen, das Gelb der Sonne und

all die Freuden, die sich im Lila und Orange und Rot des himmlischen Bogens eingefunden haben.
„Wow!“, staunen die Frauen.
„Wie macht man so etwas“, fragen sich die Männer und Noah mahnt zum Stillwerden.
„Seid bitte ganz still“, sagt er. „Gott spricht mit mir und dann hört er Gott sagen: ‚Dieser Regenbogen ist mein Zeichen, dass nun ein neues Leben beginnen wird. Ich werde nie wieder eine Sintflut kommen lassen, die alles Leben vernichtet. Solange die Erde besteht, werde ich da sein und die Menschen werden den Wechsel der Jahreszeiten erleben, der Vergehen und Wachstum untrennbar verbindet.‘“

Solange die Erde steht …

Das Versprechen Gottes an Noah und seine Leute hört sich nahezu an wie eine Entschuldigung für das im Nachhinein doch unnötige Sterben während der Sintflut. Nachdem Gott sozusagen Menschheits-Posthum feststellt, dass das „Dichten und Trachten des menschlichen Herzens böse von Jugend auf“ (Genesis 8, 21) ist, verspricht er, dass er keine vergleichbare Katastrophe wieder veranlassen wird, wie sie die todbringende Sintflut für das Gros der Menschheit (und der Tierwelt) darstellte. „Das hättest du dir auch früher überlegen können …“, möchte man Gott zurufen, aber die theologischen Journalisten, die diese Geschichte erzählten, können so selbstverständlich nicht mit dem Heiligen reden.

„Solange die Erde steht, soll nicht aufhören Saat und Ernte, Frost und Hitze, Sommer und Winter, Tag und Nacht“, verspricht Gott.

Heute wissen wir, dass dieser Vorsatz oder dieses göttliche Versprechen durchaus vom Menschen und seinem Eingreifen in die Schöpfung bedroht wird. Was für die frommen biblischen Journalisten unmöglich schien, ist zu einer bedrohlichen Möglichkeit geworden: Ein von den Menschen herbeigeführtes „Aufhören" der Abläufe auf der Erde.

Für die Erzähler der biblischen Geschichte ist dieser ökologische Kollaps undenkbar, der alles kulturelle Tun des Menschen und die Gegebenheiten des Jahreslaufes an ein Ende bringen könnte. Für Menschen unserer Tage ist dieses gottgegebene Versprechen ein Scheck, der mittlerweile ohne Deckung ist. Gott mag es in seinem Plan haben, dass die Abläufe von Säen und Ernten, Wärme und Kälte niemals abbrechen, die Menschen aber haben die Möglichkeiten, dieses nach Gottes Willen unendliche Szenario doch an ein Ende zu bringen.

In Genesis 6 wird in den ersten Versen erzählt, dass sich die Menschen mit Mächten einlassen, die sie niemals beherrschen können. Es wird davon erzählt, dass Gottessöhne die Schönheit der menschlichen Frauen entdecken und sich mit ihnen zum Schaden der Menschen vermehren. In unserer Zeit entdecken Menschen immer mehr und immer tiefer die Schönheit des göttlichen Plans, den sie, indem sie ihn aufdecken, entgöttlichen und lassen sich mit Mächten ein, die sie nicht wirklich beherrschen können. Das gilt nicht allein für die Kernspaltung und die Atomindustrie, sondern auch in wachsendem Maße für die Medizin, die sich den Bausteinen des Lebens immer weiter genähert hat.

Gottes „Entthronung" wird durch die immer neu erreichten Höhen des menschlichen Geistes und des wissenschaftlichen Forschens zu einer menschlichen Möglichkeit. Dabei aber gilt, dass die ökologischen Kosten einer solchen Fortschrittsdynamik nicht im Vorhinein wirklich zu berechnen sind. Zu bemerken ist das an den empfindlichen Systemen der unmittelbar umgebenden Natur. Wo Pestizide zwar die Ernteerträge deutlich erhöhen, sterben die

Insektenarten aus, die Singvögel werden weniger. Den Überblick über die Zusammenhänge des ökologischen Gleichgewichts gewinnt der Mensch trotz immer größerer Überheblichkeit nicht.

In diesem Zusammenhang haben die theologischen Journalisten der biblischen Erzählungen die Episode vom Turmbau zu Babel beizutragen. Diese Geschichte wird im Buch der Genesis im 11. Kapitel erzählt.

Der Turm der Überheblichkeit
(Genesis 11)

1. *„So erzählen es die Generationen, dass ganz am Anfang, nachdem Gott die Welt geschaffen hatte, alle Welt eine Sprache hatte. Die Kinder der Menschen, die das Paradies verloren hatten, richteten sich in der Welt ein, lernten Häuser zu bauen, Kleidung zu nähen, lernten den Acker zu bestellen, das Vieh zu weiden und zu nutzen. Und je länger die Zeit wurde, die das Paradies verloren gegangen war, desto selbstgefälliger begannen die Menschen zu leben. Sie brachten vor der kargen Zeit des Winters die Ernte ein und klopften sich selbst auf die Schultern. Da standen sie vor dem vom Himmel geschenkten Reichtum und lobten sich selbst für das Werk ihrer Hände und ihres Geistes. Sie hatten ganz vergessen oder verdrängt, dass Gott seine Menschen auch außerhalb des Paradieses, aus dem er sie damals vertreiben musste, mit seiner schenkenden und behütenden Hand begleitete und nichts weiter dafür einforderte als das Lob seines Namens.*

Im Land Babylon fanden die Menschen eine Ebene mit fruchtbarem Land, mit genügend Platz, mit weitem Himmel und endlosem Horizont. Dort lebten sie und alle sprachen dieselbe Sprache.
„Ohne Gott und Sonnenschein bringen wir die Ernte ein!", freuten sich die Menschen am Reichtum ihres Lebens.
Und eines Tages gab es eine Bewegung unter den Menschen, die die Unabhängigkeit von Gott erklärte.
*„Wir haben einen großartigen Verstand, wir haben kreative Möglichkeiten in Fülle, wir managen das Leben ohne Religion, die uns in unseren Freiheiten einschränkt, die unsere Möglichkeiten begrenzt, die uns an Werte bindet, die das grenzenlose Wachstum hindert", so erklärten die Vertreter*innen dieser Bewegung und immer mehr Menschen schlossen sich ihr an.*
„Wir brauchen ein Zeichen unserer eigenen unbegrenzten Möglichkeiten", forderte ein Sprecher dieser Bewegung. „Wir wollen zeigen, dass uns nichts und niemand etwas tun kann."
Da kamen einige auf die Idee, einen Turm zu bauen. „Die Ewiggestrigen sagen, dass der Himmel Gott gehört", wurde erklärt. „Wir müssen bloß den Himmel erobern, feststellen, dass über den Wolken kein Gott wohnt und uns selbst einen Wohnsitz über den Wolken, einen Platz im Himmel bauen!"
Und alle – weil sie alle eine Sprache hatten und weil sie alle einig wurden in der Einschätzung, dass das Leben auch ohne Gott gelingen wird – stimmten zu. Das größte Bauwerk auf der Erde wurde geplant und gebaut. Ziegel in bisher unbekanntem Maß und Mengen wurden gestrichen

und gebrannt, Steine wurden gebrochen, Bäume gefällt, ein riesiger Bauplatz gerodet.
„Hier entsteht ein Denkmal für die Großartigkeit der Menschheit" – mit dieser Botschaft wurden in alle Himmelsrichtungen Plakatwände errichtet. Und alle konnten es lesen, denn alle Welt hatte eine Sprache. Die Sprache der Großkotzigkeit!
„Wir bauen einen Turm, um den Himmel zu erobern!", legten die Menschen die Fundamente.
„Wir bauen einen Turm, um uns mit der Aura und dem Namen der Großartigkeit auszuzeichnen."

2. *So begannen die Menschen das Projekt.*
Es sollte ein Denkmal für viele kommende Generationen werden, das zeigte, wozu der Mensch fähig ist, wenn er sich erst mal bewusst darüber wurde, dass er auch ohne Gott die Welt gestalten kann.
Gott allerdings sah zunächst mit einem Lächeln, dann mit Skepsis und letztendlich mit Sorge um die ganze Welt auf die turmbauenden Menschen in der Ebene Babylons.
„Ich habe ihnen die Fähigkeit gegeben, Physik und Chemie, Technik und Geist zusammenzubringen, um die Welt, in der sie leben, zu einem freundlichen Raum zu gestalten, von dem sie wissen, dass er von mir gepachtet wurde. Ich habe den Menschen die Freiheit gelassen, Neues zu erfinden, sich vom Alten abzuwenden, das Gestern als Irrtum zu sehen und die Zukunft als Chance. Aber die Abmachung ist die, dass die Menschen sich nicht anmaßen, meine großen Zusammenhänge ganz durchschauen zu können. Es gibt ein Gleichgewicht, von dem die Menschen zu wenig verstehen, weil es das Gleichgewicht der ganzen Schöpfung ist. Das Gleichgewicht des göttlichen Plans, in

dem die Fliege die Schwalbe nährt, die Biene die Blume bestäubt, gesundes Wasser das Leben fördert, und in dem das Ferne davon abhängt, was in der Nähe getan oder gelassen wird. Es gibt – so war die Abmachung – ein Gleichgewicht, das sagt: Hier sind wir Menschen und da ist Gott!

Wenn ich nun die Menschen sehe, wie sie an ihrem Turm bauen und sich einig darin sind, mich zu entthronen, dann bringen die Menschen die Fundamente der ebenso gewaltigen wie empfindlichen Weltgeheimnisse erst ins Wanken und dann zum Zusammenbruch."
Übermut wird Hochmut und Hochmut kommt vor dem Fall, *denkt Gott.* **Katastrophen, wie sie ungeahnt bleiben sollten, werden die Welt und die Menschen heimsuchen. Ich sollte diesen Bau stoppen!**

3. Derweilen bauten die Menschen.
Wo früher neben der Ebene Babylons, die als Bauplatz diente, eine herrliche Landschaft mit Wäldern und Seen, mit fruchtbaren Wiesen und sauberen Flüssen war, klafften gehauene Wunden in Wald und Land, aus denen das Baumaterial gehackt, gebrochen und geschnitten wurde.
Der Hunger nach Baumaterial wuchs immer mehr und mit dem Wachstum des Turmes geriet der alte Vertrag zwischen Gott und den Menschen – Hier sind wir und da ist Gott! – immer mehr in Vergessenheit. Alle waren sich einig: „Wir wollen uns einen Namen machen, der den Namen Gottes um mindestens ein Stockwerk überragt."
Während allerdings zu Beginn des Baus alle mit anpackten, niemand – keine Frau, kein Mann – sich zu schade war, sich die Hände schmutzig zu machen oder auch am rauen Holz aufzureißen, während zu Beginn des Baus alle mit dem Ziel arbeiteten, sich wirklich ‚Für Alle' einen Namen zu schaffen, der die Großartigkeit der Menschheit und die Unabhängigkeit von göttlichem Herrschen ausweisen sollte, fingen nun zuerst einige und dann immer mehr an, am eigenen Namen zu arbeiten.
„Lass uns dieses Stockwerk in dieser Art und Weise bauen", schlugen die einen vor und die anderen widersprachen: „Nein! Es muss so und nicht anders gebaut werden!"
Streit und Zank im Turm nahmen täglich zu und was die einen bauten, rissen die anderen nieder. Hinzu kam, dass es jetzt immer mehr Menschen gab – hauptsächlich die Männer –, die sich zu fein für die schweren Arbeiten fühlten.
„Es muss reichen, dass ich dabeistehe und euch sage, wie es gemacht werden soll", sagten erst einige und dann immer mehr.

„Ich hatte die Idee im Kopf, die nun beim Bau umgesetzt wird. Das muss reichen. Das ist mein Teil der Arbeit", sagten die anderen.
Wo früher alle mit anpackten, wenn es schnell gehen musste, gab es jetzt endlose Diskussionen darüber, warum die einen weit über ihre Kräfte arbeiten sollten, während die anderen sich zurücklehnten und auf Pausen bestanden. Missverständnisse und Fehleinschätzungen prägten das, was die Menschen als Fortschritt am Bau sehen wollten – und immer weniger gelang.
„Es ist, als ob ich in fremder Sprache spräche", stellten immer mehr Bauende fest, weil auf ihre Worte nicht gehört wurde.
„Wir verstehen einander nicht, reden aneinander vorbei, legen die Worte der anderen falsch aus."
So kam es, dass der Bau des Turmes zuerst ins Stocken geriet, dann ganz gestoppt wurde. Erst legten die Menschen die Worte der anderen falsch aus, dann erfanden sie für dieselben Dinge unterschiedliche Namen, stellten sich taub, wenn jemand Ideen hatte, die es bis dahin noch nicht gab. Missverständnisse und Besserwissereien lähmten die Zusammenarbeit und irgendwann entdeckten die Menschen, dass sie nicht mehr dieselbe Sprache sprachen. Und erst gingen die einen, ließen die Arbeit einfach liegen. Dann gingen die anderen. Und während die getrennten Menschen an vielen Orten neu begannen, daran zu bauen, sich einen eigenen Namen zu machen, blieb der Turm, den die Erbauer „Wolkenkratzer" oder „Himmelsthron" nennen wollten, zurück und begann zu verfallen.
Die Menschen aber nahmen sich jetzt in vielen Sprachen vor, an einem neuen Turm zu bauen.

Die einen riefen dazu auf: „We want to build a tower!" Die anderen ließen die Leute wissen: „We willen een toren bouwen", wieder andere nahmen sich vor: „Nous voulons construire une tour." Weitere riefen die Leute zusammen: „Vi vill bygga ett torn." Wiederum andere sagten: „Vogliamo costruire una torre." und noch ganz andere riefen Leute auf Straßen und Gassen zusammen: „Queremos construir una torre."
Weil sich die Menschen aber nicht mehr verstanden, scheiterten alle am Turmbau. Sie hielten sich zwar manchmal Gott gleich, aber Gottes Macht blieb unangekratzt. Unangekratzt vom Wolkenkratzer.

Das wolkenkratzerhoch aufgebaute Ego des Menschen ist bedeutsamer Teil der ökologischen Krise dieser Zeit. Die Erzähler der biblischen Urgeschichte haben schon in der „langsamen Zeit" des 6. Jahrhunderts – folgt man der neuesten theologischen Chronologie – vor Christus eine Ahnung davon, dass der Mensch anfällig für die Herausforderungen des „Schneller, Höher, Weiter" ist und dass diese Anfälligkeit sowohl in eine Ferne zu Gott und dem Göttlichen führt, als auch in einen Konflikt mit allem, was die Kräfte der Erde zu einem lebensfördernden Planeten macht.

Was ist der Mensch?
(Psalm 8)

Dem israelitischen König David werden viele der biblischen Psalmen zugeschrieben. Mit großer wissenschaftlicher Wahrscheinlichkeit ist er nicht der Autor dieser Sammlung „frommer Lieder“ bzw. „religiöser Gebrauchslyrik“, die wohl erst in späterer Zeit entstanden ist, als König David schon nicht mehr lebte und regierte. Und doch gibt sein Name dem Psalm hohe Würde. Die Verbindung der Worte, die sich hier finden mit dem Namen und dem Bild und den Episoden, die von und über König David in der Bibel berichten, geben dem Psalm im wahrsten Sinne des Wortes „Prominenz“.

Im Zusammenhang mit der Suche nach ökologischen Grundtexten in der Bibel schließt sich in diesem kleinen poetischen Werk der Kreis, der mit der „Herrschaft“ des Menschen über die Erde zusammenhängt.

Zwar wird in der Theorie des Psalms – oder besser gesagt in der Theologie des Psalms – die Herrschaft Gottes über die Erde nicht angezweifelt, aber es wird gleichzeitig das Bild des Herrschaftsanspruchs des Menschen über die Erde gezeichnet. Nach einem spannenden Vorwort über die Herrlichkeit Gottes formuliert der Psalm mit der Frage „Was ist der Mensch“ die Lobeshymne auf den eigentlichen, natürlich menschlichen Herrscher der Welt.

Nach Psalm 8

> *Herr, du bist der Herrscher.*
> *Du zeigst deine Hoheit am Himmel, der alle Länder der Welt überspannt.*
> *Dir gehört die Zukunft.*
> *Du zeigst uns das darin, dass immer neues Leben wächst.*
> *Säuglinge und Kinder bilden Generation um Generation.*
> *Machtvoll drängen sie darauf, dass ihnen die Zukunft nicht weggenommen wird.*

Wer auch immer auf deine Schöpfung sieht,
auf Himmel und Erde, auf Sonne, Mond und Sterne,
der fragt sich mit heiligem Schauer
„Was ist der Mensch, dass du ihm das alles anvertraust?“

Wenig niedriger … fast nur ein bisschen minimäßig … ist der Abstand zu Gott.
Gekrönt hast du, Gott, den Menschen.
Geehrt soll er sich fühlen und herrschen!
Alles hast du ihm zu Füßen gelegt und das Ergehen der Welt liegt in seinen Händen.
Pflanzen, Tiere, Himmel, Erde, Luft und Meer und noch viel mehr …
sind in der Hand des Menschen.
Herr, trotzdem bist du der Herrscher … eigentlich jedenfalls!
Du zeigst deine Hoheit am Himmel, der alle Länder der Welt überspannt.

Mit der verlorenen Demut des Menschen, der sich im Verlauf der Generationen mit immer schmerzlicherer Technik an die ertrag- und gewinnbringende Räuberschaft am Planeten gewöhnt, verliert die Erde immer weiter den Geruch des Paradieses, der zuweilen über die damals von Gott verschlossene Gartentür herüberweht. Aus dem „Sich Bedienen" aus und an den Ressourcen der Erde wird ein weite Landstriche verheerendes Graben, Hacken, Bauen. Das Gleichgewicht, das zwischen den Bedürfnissen des Menschen und den Ressourcen der Erde herrschen sollte, – ginge es um Bebauen und Bewahren – wird nicht nur unbalanciert, sondern endet darin, dass bis heute weltweit die natürlichen Ressourcen, die für ein Jahr anhalten sollten, bereits im Mai aufgebraucht sind. Der Mensch nimmt skrupellos von der Erde. Und trotz des Bemühens einer wachsenden Zahl von Menschen, die sich Umweltschutz zur Aufgabe gemacht haben, gibt der Mensch der Erde zu wenig zurück, um ihr die Lebensfreundlichkeit für „alles Leben unter der Sonne" zu erhalten.

Im Folgenden wird die Unfähigkeit des Menschen Thema sein, das Gute zu tun und das Böse zu lassen. Dabei wird die Lust des Menschen noch einmal betont werden, die er an dem Satz aus der biblischen Geschichte empfindet: „Seid fruchtbar und mehret euch und füllet die Erde **und machet sie euch untertan und herrschet ....**"

Woher kommt mir Hilfe?
– Psalm 121 und Psalm 104

Wenn man sich in den Psalmen der Bibel umschaut, lassen sich auch freundliche Psalmen finden, in denen eine klare Ausrichtung auf die Hierarchie in der Welt ausgedrückt wird, die Gott tatsächlich das souveräne Herrschen überlässt, während die Gaben des Menschen im Menschlichen bleiben und sich nicht ins Lob der eigenen „Fastgöttlichkeit“ überheben. Dieser Eindruck der „Fastgöttlichkeit“ gaukelt dem Menschen vor, dass er alle Geister, die er durch seine Lebensart in die Welt gerufen hat, tatsächlich beherrschen kann. Dass sich der Mensch als ein Lebewesen versteht, das auch bei der Gestaltung der Welt – beim Bebauen und Bewahren – auf Gottes Hilfe angewiesen ist, legt der Psalm 121 nahe. Hierin tritt ein betender Mensch auf, der sich darüber im Klaren ist, dass die Reise der Menschheit nicht automatisch in Glück und an fröhliche Ziele führt, sondern auch im ökologischen Desaster enden kann. Der betende Mensch des 121. Psalms erkennt, dass im frommen Blick auf Gott und nicht im menschlichen Herrscherwahn die Zukunft nicht nur gesichert, sondern auch gewonnen werden kann.

Nach Psalm 121

Ein Rundblick in die Probleme meiner Welt zeigt es mir:
Ich muss nach Hilfe fragen …
Hilfe erhoffe ich von Gott, der meine bedrohte Erde
und meinen Himmel gemacht hat.
Das Schicksal dieser Welt lässt er nicht aus den Händen gleiten,
weil ich die Welt mit Füßen trete.
Gott verschläft nichts.
Gott wird niemals lässig.
Gott behütet,
wirft sein göttliches Licht in die Welt und spendet Schatten.
Die Sonne wird weiter Leben schenken.

Der Mond zieht seine Bahn wie eh und je.
Gott bewahrt dich vor dem Übel,
dass deine Welt ihre geschaffene Seele verliert.
Gott hat der Welt einen Eingang gegeben.
Er legt das Ende der Welt in seine Ewigkeit.
Gott behütet dich vor katastrophalem Ausgang.

In ganz besonderer Weise wendet sich der betende Mensch des 104. Psalms an seinen Gott als Erfinder der Nachhaltigkeit, die von den Menschen nicht aufs Spiel gesetzt werden darf. Dieser Psalm kann als Hilfe zum demütigen Empfangen verstanden werden. Dabei ist die Demut der Schöpfung gegenüber genau das, was dem Menschen immer wieder fehlt.

Genau diese Demut findet sich im 104. Psalm, der in der zeitgenössischen Bibel mit der Überschrift „Das Lob des Schöpfers" versehen wird. Hier kommt der Mensch weder in seiner Rolle als Herrscher oder jemand, der sich die Erde untertan machen soll, noch als bebauender oder bewahrender Mensch vor. Er erscheint nur als jemand, der aus Gottes schöpferischem Reichtum den Grund seines Lebens bezieht. Mitten in der ökologisch immer größer werdenden Krise des Klimawandels erscheint es als einzig akzeptables Rezept gegen den Hochmut des Menschen. Dessen totale Abhängigkeit vom freundlich und nachhaltig gebenden Gott ist zu betonen, wie es im 104. Psalm geschieht.

Nach Psalm 104

Lobe den Herrn, meine Seele,
mein Gott ist alleiniger Herrscher über die Welt.
Schönheit und Pracht gehören zu ihm
und er kleidet sich schön wie das Licht der Sonne.
Du, Gott, hast die Welt mit Bildern deiner Größe bemalt.
Der Himmel scheint wie ein Teppich in deiner Wohnstube.
Mit den Wolken reist du über die Erde.
Mit dem Wind kommst du herangeweht.
Du hast die Welt auf Ewigkeit hin gebaut.
Land, Wasser, Täler, Berge:
Alles ist dein Werk.
Vom Wasser trinken alle Tiere,
begleitet vom Gesang der Vögel in den Bäumen.
Regen macht das Land fruchtbar.
Gras dient als Speise für die Tiere.
Saatgut wird in der Erde zu Halmen mit Körnern,
aus denen Mehl für Brot gewonnen wird.
Wein macht Menschen fröhlich.
Salben aus Öl sind gut für die Haut des Menschen.
Und Brot und andere Speisen geben Kraft zum Leben.
Bäume stehen da im Schmuck ihrer Blätter,
Vögel bauen ihre Nester.
Sogar die kargen Bergregionen geben Steinböcken und
Murmeltieren gute Heimat.
Sonne, Mond und Sterne regeln die Abwechslung von Tag und
Nacht für dich.
Löwen brüllen durch die Nacht und schlafen am Tag.

Und wenn es Tag wird, beginnt die Arbeit deiner Menschen bis zum Feierabend.
Ein Staunen geht von dir, Gott, aus.
Das, was du geschaffen hast, ist einfach unglaublich in seinem Reichtum.
Und dass du alles durchschaust und durchdringst, ist nur dir vorbehalten.
Niemand zählt die Fische im Meer, das Schiffe bereisen.
Ungeheuer ist die Zahl derer, die du mit deinen Lebensgaben beschenkst,
immer dann wenn sie es brauchen.
Wo du, Gott, bist, ist es gut.
Wo du, Gott, nicht bist, fehlt die Freundlichkeit des Lebens.
Beatmet von dir, wird die Welt täglich neu.
Der Ruf soll überall gehört werden:
Gottes Herrschaft ist Garant der Zukunft bis in Ewigkeit.
Ich bin ein Lied zu seinem Lob.
Ich bin das Wort, das ihm die Herrschaft belässt.
Wer auch immer Gottes Herrschaft schändet, wird nicht bleiben.
Lobe den Herrn, meine Seele!
Bleib ihm demütig verbunden!

Demut dem Schöpfer gegenüber, dem Geber aller guten Gaben, ist ein ökologisches Grundgebot, das sich durch die Geschichten der Bibel wie ein roter Faden hindurchzieht.

In diesem Zusammenhang kann ein Sprung in das Evangelium des Lukas einen großen theologischen Bogen aus der Zeit der Ur-Erzählungen und der Psalmen hilfreich sein. Hierin erzählt der Evangelist von einem Menschen, der die Demut über dem eigenen Reichtum verloren hat. Mit dieser neutestamentlichen Episode wird Teil Eins dieser Gedanken zu den Öko-Seiten der Bibel abgeschlossen.

Im zweiten Teil wird neben den biblischen Übertragungen ein exemplarischer Mensch vorgestellt, der schon lange vor unserer Zeit Ernst damit gemacht hat, nachhaltig das biblische „Bebauen und Bewahren“ auf seine Weise und seinen jeweils konkreten Schritten in die richtige Richtung zu leben.

Doch zunächst folgt ein Blick auf eine sehr frei nacherzählte evangelische Fabel, die allein vom Evangelisten Lukas erzählt wird, über einen der Nachfahren von Eva und Adam. Dieser begreift nicht, dass die Zukunft nur gewonnen werden kann, wenn die eigene Gegenwart nicht allein das eigene Leben schützt, sondern die (Um-) Welt im Auge und im Herzen behält.

Mister „Ichhabedieweltgewonnen“ irrt sich gewaltig ...

(nach Lukas 12)

> *Da gibt es einen reichen Menschen, der lebt in einer Gegend dieser Welt, in der seine Äcker überaus gute Ernte ermöglicht haben.*
> *Das hängt nicht allein am Wetter, das das Wachstum begünstigt. Das hängt auch daran, dass der Mensch die ohnehin guten Böden immer weiter verbessern kann. Mit menschlichem Forschergeist und künstlichem Dünger, mit Gier im Blick und ohne Rücksicht auf die Folgen in Wasser, Luft und Boden geht der Mensch zu Werk. Wo gestern zweifach geerntet wurde, wird heute vierfach geerntet und wo heute vierfach geerntet wurde, wird morgen achtfach geerntet.*

Geteilt wird die Ernte nicht!
Nicht mit den Würmern, die im Boden leben, nicht mit den Insekten, die umherkriechen und -schwirren, nicht mit den anderen Pflanzen, die sich gern im bestellten Feld verbreiten.
„Weg damit!“, streut der reiche Mensch killendes Korn, vergießt tötende Flüssigkeit.
„Ich teile meinen Ertrag nicht mit fremden Mietern.“
Der Boden wird überfüttert mit Ertragsvervielfachern und ächzt unter der Last, seine Erträge immer weiter steigern zu müssen.
Das Wasser im Boden verliert die fröhliche Frische.
Dem reichen Menschen ist das egal. Erträge zählen. Erträge bringen Geld. Geld bringt Reichtum.

Reichtum bringt … da fällt ihm gerade nichts ein …!
Egal!

Reichtum ist gut, auch ohne, dass er etwas bringt.
Und nun steht er da, der reiche Mensch, schaut auf seine reichlichen Erträge, klopft sich auf die Schulter und weiß nicht so recht wohin damit.
„Was soll ich tun?“, fragt der Mensch sich selbst angesichts der vervielfachten Ernte. „Mein Reichtum ist immens!“
„Es nutzt nichts!“, sagt er dann. „Ich bin zu tüchtig. Was ich früher hatte und was früher auch schon genug war, ist so viel mehr geworden, dass ich neue Speicher bauen muss. Für mich und meine Seele!“
Dann steht er da, der Mensch – und findet sich großartig.
„Mir geht es gut“, denkt er sich. „Das bleibt in alle Ewigkeit so und ich habe für eben diese Ewigkeit gut vorgesorgt. Ich habe aus-gesorgt! Mein Leben! Mein Boden! Meine Ernte! Meine Welt!“
Doch Gott, der sich das immer grenzenlosere Wachstumsdenken des Menschen nicht nur ansehen, sondern auch anhören musste …
Gott, zu dem der Boden um Erbarmen rief, zu dem das Wasser kläglich um Hilfe gurgelte …
Gott, dem die spielenden Mückenscharen fehlten, dem die verwundete Erde fiebernd oder fröstelnd ein Bild des Jammers bot …
Gott, dessen Liebe zum Teilen mit den Schwächsten keine Erträge mehr unter den Menschen brachte …
Gott, dem der Mensch sein Besitzrecht an Luft und Boden, an Sommer und Winter, an Licht und Dunkel aufgekündigt hatte …
Gott sagt zu dem Menschen, der vor seinen grandiosen Bauplänen steht: „Was sprichst du von Seele? Du verstehst nichts von der Seele, die ich den Dingen gegeben habe. Vom

freudig freien Leben im Gleichklang mit meiner schöpferischen Ordnung. Du verstehst nichts davon, dass alles schneller auf dem Spiel stehen kann, als du es wahrhaben willst."
Und Gott spricht zu dem Menschen, der meint, die Welt gewonnen zu haben: „Wie schnell das alles verloren gehen kann, was du an Erträgen hast, wird sich zeigen, wenn Luft und Boden, Frost und Hitze, Tag und Nacht zurückschlagen. Dann wirst du erkennen: Du warst ein Narr, nur auf deine Gier und deinen Ertrag zu setzen."

Teil 3

Von Frieden, Gerechtigkeit, Bewahrung der Schöpfung und vom Heilen

1934 hat Pastor Dietrich Bonhoeffer in einer Morgenandacht aus Anlass der Tagung des Ökumenischen Rates für Praktisches Christentum und der ökumenischen Jugendkonferenz in Fanø / Dänemark auf die Notwendigkeit eines weltweiten Konzils aller christlichen Kirchen hingewiesen. Bonhoeffer fragte zunächst: „Wer ruft zum Frieden, dass die Welt es hört, zu hören gezwungen ist, dass alle Völker darüber froh werden müssen?“ – und er gab sofort die Antwort: „Nur das eine große ökumenische Konzil der Heiligen Kirche Christi aus aller Welt kann es so sagen, dass die Welt zähneknirschend das Wort vom Frieden vernehmen muss.“

Nicht nur wegen des fünf Jahre später ausbrechenden Krieges, sondern auch darum, weil die Welt nach dem Zweiten Weltkrieg viel zu sehr mit sich selbst und einem grenzenlosen Wachstum beschäftigt war, musste dieses Konzil bis zum Jahr 1983 warten. Dort einigte sich die Versammlung des Weltkirchenrates auf einen großen „konziliaren Prozess“, in dem man sich gegenseitig auf Gerechtigkeit, Frieden und Bewahrung der Schöpfung verpflichtete.

Dabei ging es bei diesem auf Zukunft angelegten konziliaren Prozess darum, dass man sich gegen jede Form von Rassismus, Militarismus, Sexismus und gegen weltweite Unterdrückung der Armen durch die Reichen einsetzen wollte.

Bis in unsere Zeit hinein hat sich dabei die Bewegung, die sich den Zielen dieses konziliaren Prozesses anschließt, zu einer „allgemeinen

Friedensbewegung“ entwickelt. Sie versteht unter Frieden nicht allein die Abwesenheit von Krieg, Gewalt und Unterdrückung, sondern legt den Friedensbegriff sehr weit aus.

Dazu dient unter anderem der hebräische Schalom-Begriff. Unter dem Wortschirm „Schalom“ findet sich sowohl der Friede mit der Natur, der Friede mit den Mitgeschöpfen, als auch der Friede mit nachkommenden Generationen wieder. Das hebräische Wort „Schalom“ hat auch damit zu tun, dass hier ein „Genug“ ausgedrückt wird. Dem Frieden entspricht die Zufriedenheit, dass „man es genug sein lassen kann.“ Das „Immer-weiter-Haben-wollen“ kommt im „Schalom“ an sein Ende. Im Blick auf die gierigen Wachstumspläne nahezu aller Gesellschaften, die an der ökologischen Katastrophe beteiligt sind, ist das die nötige Kehre.

„Schalom" hat allerdings vor allem mit dem biblischen Frieden zu tun, der zu paradiesischen Zeiten galt und von dem die Bibel träumt, wenn von Löwen geschrieben wird, die beim Lamm liegen und von Schwertern, die zu Pflugscharen werden.

„Schalom" ist die wiederhergestellte Einheit des Gleichgewichts zwischen allen Geschöpfen Gottes und der Zufriedenheit Gottes, die sich in den Worten des ersten Schöpfungsberichtes wiederfindet, die am Ende eines jeden Schöpfungstages feststellt, dass es „sehr gut" war.

„Schalom" hat mit dem Ausblick der Offenbarung des Johannes zu tun, dass Gott alles neu machen wird, was in der Welt brüchig, alt und belastend, vielleicht sogar zerstörerisch wurde.

Schalom (nach Jesaja 11)

Da ist ein Krieg verloren gegangen. Die Leute erinnern sich mit Schrecken an verwüstete Ortschaften und zerstörte Gärten. Gesätes wurde vor der Ernte vernichtet, Gebautes zertrümmert. Menschen starben. „Wo ist in diesem Chaos Gott gewesen?", fragen die Leute, die zu Gott gehören.
Die Zukunft steht vor der Aufgabe, aufzubauen, was kaputt daliegt.
Aber auch in den Herzen und Köpfen der Menschen steht alles auf dem Spiel. Sie fragen sich: „Wird es überhaupt noch ein Morgen und ein Übermorgen geben? Die Zerstörungen, die der Mensch anrichtet, übersteigen doch jedes natürliche Maß!"
Die kleine Welt der kriegsverstörten zweieinhalb Generationen liegt in Trümmern, sowie die Hoffnung auf Besserung. Krieg, Brand, Unverstand sind zu Begleitern des Lebens geworden.

Da meldet sich einer, den Gott angesprochen hat.
„Das ist doch Jesaja", sagt die alte Sirpa, als der junge Mann auf der Straße anfängt zu predigen.
„Das ist ein Spinner!", tippt sich Joschua an die Stirn. „Der sucht im ganzen Chaos, das uns Menschen und sogar die Tiere erfasst hat, nach Gott. Es lohnt sich gar nicht, hinzuhören. Ich weiß schon, was er sagt. Nicht Gott macht die Welt zum Chaosort, sondern die Menschen!" Joschua schiebt seinen Karren mit Steinen weiter, die er aus den Trümmern gelesen hat, um ein neues Haus zu bauen.
Die alte Sirpa hört dem jungen Jesaja zu. „Immerhin trägt er den Namen eines unserer großen Propheten", sagt sie zu ihrer Freundin Tirza. Und dann beginnt der junge Gottesmann seine Predigt: „Liebe Leute", sagt er, „wir sehen uns um und sehen viel Zerstörung. Wir fragen: Was für eine Zukunft liegt vor uns? Mensch und Tier leiden unter dem, was uns die Welt, die uns umgibt, zum Feind gemacht hat. Und viele fragen: Wo ist Gott in diesem Schlamassel?"
„Genau das frage ich mich!", ruft der Bauer Schemaja.
Jesaja fährt fort: „Gott spricht mit mir und zeigt mir Bilder, und ich sage euch: Gott wird seinen Frieden in unsere Welt geben. Sein **Schalom** *wird kommen. Wie ein neuer Zweig an einem alten Baum wird uns die Zukunft geschenkt. Wir werden wieder auf einen grünen Zweig kommen. Gott wird sich die vornehmen, die das Land und die darin wohnende Hoffnung zerstören. Gott wird den Verächtern von Mensch und Tier, von Luft und Boden das Maul stopfen. Und dann lässt er aus dem zarten Zweig am alten Baum einen neuen Baum wachsen, dessen Früchte Gerechtigkeit gegen alle und alles und Treue gegen Jedermann sein wird. Und diese Früchte werden der ganzen Welt gehören, und sie werden reichlich sein."*

„Gerechtigkeit gegen alle und alles können wir brauchen", stupst Tirza ihre Freundin Sirpa an. „Gerechtigkeit gegenüber Menschen, aber auch den Tieren und sogar dem Acker."
Sirpa nickt und legt den Finger auf die Lippen, denn Jesaja schwärmt nun weiter: „Gott kommt und bringt seinen **Schalom!** *Undenkbares wird geschehen. Die Wölfe werden bei den Lämmern wohnen, Panther werden sich neben den Zicklein zum Schlafen legen, und das Vieh zu halten wird eine Freude sein. Löwen werden Stroh und Heu fressen. Die Feindschaft zwischen der Schlange und dem spielenden Kind wird es nicht mehr geben, und Luft und Wasser werden rein wie Auental und Quellgrund sein. Das Paradies kann zurückgewonnen werden, weil die Menschen nach Gott nicht nur fragen, wenn alles zerbrochen ist, sondern schon lange vorher. Dann werden sie seinen Willen erkennen: Friede! Friede! Friede!"*
Mittlerweile haben viele dem jungen Jesaja zugehört. Die einen lachen und singen „Halleluja!" Andere schütteln ihre Köpfe und rufen: „Dein Wort in Gottes Ohr!"
Und manche gehen weiter und sagen: „Wer's glaubt, wird selig!"
Sirpa meint: „Das ist eine Vision, die festgehalten werden muss."
Und Tirza nickt: „Stimmt!"

Die Erde ist des Herrn …

„… geliehen ist der Stern." So heißt es in einem neueren Kirchenlied, das einen Vers aus Psalm 24,1 und 1. Korinther 10,26 aufnimmt. Die Kirchen können sich mit gutem Recht als starke Verbündete der Umweltschutzbewegungen unserer Zeit sehen und verstehen. Die

Botschaft des Evangeliums, für das die Kirchen stehen, ist im Wesentlichen Grün. Das bedeutet nicht automatisch eine machtpolitische Einordnung der großen Kirchen bei einer Partei, aber es bedeutet in der Programmatik, dass viele Ziele der Ökologiebewegung zu den Zielen der Kirchen parallel verlaufen. „Umweltschutz" im weitesten Sinne hat sowohl im Glauben an den Schöpfergott wie auch in der „Sache Jesu", von der uns im Neuen Testament berichtet wird, sein Zuhause.

Die Ausbeutung und Plünderung der Natur, der respekt- und gewissenlose Umgang mit Haus- und Wildtieren muss sich den Satz Jesu gefallen lassen, dass man nicht gleichzeitig „Gott und dem Mammon" dienen kann. (Matthäus 6,24)

Im Zusammenhang mit der Ökologiedebatte bedeutet dieses Wort Jesu, dass Ökologie und Ökonomie in letzter Konsequenz tatsächlich nicht gleichgewichtig zusammenzubringen sein werden.

Von dem schmerzhaften Abschied von Gewinnorientierung oder der Suche nach immer weiterem Wachstum erzählt eine Begebenheit, die die Evangelisten Matthäus, Markus und Lukas in ihrem Erzählbestand aus dem Leben Jesu weitergeben.

Die Grenzen des Reichtums
(Matthäus 19)

> *„Jesus ist in der Nähe", sagen die Leute auf dem Marktplatz, wo Johannes frische Früchte für seinen Haushalt kauft. Anders als die vielen anderen muss Johannes nicht darauf achten, dass er die günstigsten Angebote erwischt. Johannes ist ein reicher Erbe. Seine Eltern haben ihm Haus, Hof und Geld hinterlassen, das ihm einen sorglosen Lebensstil ermöglicht.*

*„Wo ist er denn?", fragt Johannes ganz interessiert. Er hat schon viel von diesem Jesus gehört. Tut Wunder, predigt, erreicht auch die jungen Leute unter den jüdischen Bewohner*innen des Landes. Seine Freundin Salome hat Jesus schon mal gesehen, gehört und ganz begeistert von ihm erzählt. „Der weiß, wie man ein gutes Leben führt", hat Salome zu Johannes gesagt.*
„Drüben bei den Ölbäumen rastet er", wird Johannes gesagt haben und Johannes geht hin. Er erinnert sich an das, was er im biblischen Unterricht gehört hat. Hört den Rabbi von damals sagen: „Ein sinnvolles Leben ist das Ziel unseres Glaubens."
„Was muss ich tun, um den Sinn des Lebens zu finden?", fragt Johannes Jesus, der heute mal nicht von einer großen Menge an Menschen umlagert wird.
Jesus blickt Johannes an. „Gute Frage, aber kennst du die Antwort denn wirklich nicht? Halte dich an Gott. Zeig ihm Respekt, lass ihm das Heilige und nimm seine Gebote ernst."
Johannes findet diese Antwort langweilig. Das hätte ihm auch jeder andere Rabbi gesagt. „Hast du wirklich keinen besseren Rat?", fragt der junge Mann.
Jesus schüttelt langsam mit dem Kopf. „Was willst du hören?"
Johannes antwortet: „Eine ehrliche Antwort!"
Da sagt Jesus: „Es geht darum, dass du im Gleichgewicht mit Gott lebst. Und dieses Gleichgewicht findest du in deinem Leben da, wo du wahrnimmst, dass du selbst das Gleichgewicht störst. Du bist reich, andere sind arm. Auf dem Markt kaufst du exotische Früchte, die anderswo angebaut wurden, die den Boden auslaugen, die zum Symbol deines Reichtums wurden. Du lässt Menschen und Tiere für dich arbeiten und du achtest nicht darauf, dass sie fair behandelt werden. Du hast genug, und andere haben zu wenig. Das ist nicht gerecht. Das ist kein

Gleichgewicht, das Gott will. Der will, dass allen Menschen geholfen werde." Dann schiebt Jesus noch den kleinen Satz nach: „... und den Tieren übrigens auch!"
Johannes bereut es fast schon, gefragt zu haben. „Und was soll ich tun?", schiebt er zwischen zusammengekniffenen Lippen heraus.
„Verkaufe alles, was du hast. Gib den Erlös für eine gerechte Welt aus. Hör auf, nur nach dir und deinem Wohlergehen zu fragen, schließ dich mir an und lass dir sagen: ‚Der Mensch lebt nicht davon, dass er viele Güter hat, sondern davon, dass er Gottes Welt für heilig hält.'"
„Das kann ich nicht!", brüllt Johannes Jesus an. Er ist wütend. So eine Antwort wollte er nicht hören. Dreht sich um und geht. Jesus wendet sich den Freunden zu, die dieses Gespräch mitbekommen haben, die es auch für zu hart halten, wie Jesus den jungen Mann abgefertigt hat. Jesus sagt: „Ich kann nicht immer die Antworten auf eure Fragen geben, die ihr hören wollt. Wenn es ums Leben geht, um den Sinn des Lebens, dann kostet das was. Es kostet den bisherigen Lebensstil. Diese Kosten zu zahlen ist so schwer wie ein Kamel durch ein Nadelöhr zu schieben."

Heiliges und Profanes

Gott das „Heilige" zu lassen, ist eine der Aufgaben einer ökologischen Lebensauffassung, die sich dem christlichen Erbe verpflichtet fühlt. Für die Menschen der Bibel bedeutet das „Heilige" vor allem die Anerkenntnis, das in diesem Raum Gott seine Gegenwart behauptet oder zeigt. Das Heilige ist das Besondere, das Ausgesuchte, das zu Gott Gehörende.

Gottes Heiligkeit will in der Welt wahrgenommen werden und wo das Heilige verächtlich behandelt wird, wird Gott das nicht zulassen. Von einer solchen Verächtlichmachung des Heiligen berichtet das fünfte Kapitel des Daniel-Buches. Im Zusammenhang der Gedanken über Ökologie und Bibel wird die dort erzählte Episode zu einer Allegorie auf die Machtansprüche des Menschen auf die Erde. Die Schöpfung als solche hat von Gottes Schöpferhandeln her den Nimbus der Heiligkeit. Dieser Heiligkeit gilt es von Seiten der Menschen zu entsprechen – oder Strafe folgt.

Belsazar
(Daniel 5)

> *König Nebukadnezar hat Jerusalem in einem ungleichen Krieg erobert. Das große babylonische Reich überrannte den kleinen Nachbarn Juda. Der Tempel wurde zerstört. Die heiligen Gegenstände aus dem Tempel – in hohem Maße wertvoll – liegen in der Schatzkammer des babylonischen Königs. Nebukadnezars Sohn und Nachfolger Belsazar feiert mit seinen Freund*innen ein Fest im Palast. Dem reichen Schnösel fehlt es an nichts. Frauen, Männer, gutes Essen, guter Wein gehören zur Grundausstattung des Festes. Wirklich: Es fehlt an nichts. Mit wachsendem Alkoholgenuss wird das Grölen und Prahlen immer mehr. Belsazar protzt mit den kriegerischen Erfolgen seines Landes. Erzählt mit schwerer Zunge von der totalen Niederlage Judas zu Zeiten seines Vaters.*

„Die haben sich damals auf ihren Gott verlassen. Der sollte sie beschützen. Aber das war wohl nichts! Deren Gott hat sich irgendwo verkrochen und hat uns siegen lassen."
Dann fällt ihm ein, dass sich ja die wertvollen kultischen Gefäße aus dem Tempel im babylonischen Besitz befinden und er lässt sie von der Dienerschaft bringen.
„Diese Gefäße gehörten dem Gott des vernichteten Israel", brüllt Belsazar. „Füllt sie mit Wein und lasst uns darauf trinken, dass dieser Gott ein Nichts gegen unsere Götter ist! – Prost!"
Im gleichen Augenblick erscheint eine Hand aus dem Nichts, die an die Wand gegenüber Buchstaben schreibt. Ein Zauber, der den König augenblicklich ernüchtert. Er kann nicht lesen, was da an der Wand von der Geisterhand geschrieben wurde. Niemand kann das lesen. Dann hat einer der Berater des Königs Belsazar die Idee, einen aus dem Volk Israel deportierten Mann herbeizurufen.
Daniel heißt der, steht vor der Schrift an der Wand, steht vor Belsazar, kann lesen, was da geschrieben steht. Erinnert zunächst an die große Macht des Königs Nebukadnazar.
„Mein Gott hat deinem Vater den Sieg über mein Volk gegeben. Und dann wurde er immer besessener von seiner eigenen Macht. Hat sich an Mensch und Tier und allem, was ist, vergangen. Deswegen wurde er bestraft. Und du machst einfach weiter wie er. Dein Hochmut ist ungebrochen. Du vergehst dich auch gegen das Heilige, gegen den Gott, der dir den Atem gab. Gibst ihm unflätige Namen, lobst steinerne und andere Götter. Darum, weil du dich nicht bescheiden kannst, wurde diese Hand gesandt und diese Schrift geschrieben. Da steht: ‚Das war's!' So wie du in deinem grenzenlosen Herrscherwahn die Welt zerreißt, zerstörst, aufbrauchst, erschöpfst, so wird dein Königreich behandelt werden. Es ist am Ende!"

Noch in derselben Nacht tötete jemand Belsazar, den König der Babylonier.

Das Verdienst der Ökologiebewegung ist ihre Betonung der Besonderheit der Umwelt, die die Theologie „die Schöpfung“ nennt. Der Begriff der „Heiligkeit der Schöpfung“ mag ein Begriff sein, den hauptsächlich Menschen mit religiöser Motivation zum Umweltschutz nutzen. Er beschreibt aber die beiden Pole, zwischen denen sich die ökologische Debatte auch bewegen kann. Zwischen „heilig“ und „profan“.

In der ökologischen Krise dieser Zeit stellt sich dabei heraus, dass die Menschen das Profane bevorzugen.

Profan ist Massentierhaltung.

Profan ist das Schürfen, Bohren, Graben in der Erde nach Rohstoffen.

Profan ist der ungezügelte Co^2–Ausstoß.

Profan ist das immer mehr auf Gewinnmaximierung gerichtete Verhalten der Menschen, statt der Suche nach Nachhaltigkeit, die sich nicht in immer größeren Wachstumsraten ausdrücken kann.

In der ökologischen Debatte, die sich auch an den Aussagen der Bibel orientiert, muss deshalb das Heilige wieder eine größere Rolle spielen, d. h. konkret: Es gibt Dinge, die einfach nicht erlaubt sind, wenn mit Gott in der Welt gerechnet wird.

Bruder Sonne und Schwester Sonne – Der verrückte Franz und seine Bibel

Dem Lob des Schöpfers und der Freude an der Schöpfung entspricht – wie schon des Öfteren gesagt – der Respekt allen Geschöpfen gegenüber. Diesen Respekt drückte bereits Ende des

12. und in den ersten Jahren des 13. Jahrhunderts ein Mann aus, der 1182 in der norditalienischen Stadt Assisi geboren wurde. Seine Eltern waren wohlhabend. Der Vater hatte ein Geschäft für feine Stoffe.

Getauft wurde dieses Kind auf den Namen Giovanni. Sein Vater gab ihm den Spitznamen Francesco = Franziskus.

Franziskus erhielt eine gute Ausbildung, erlernte im Betrieb des Vaters den Kaufmannsberuf und war darin erfolgreich.

Als Franz von Assisi ist dieser „reiche Jüngling" in die Kirchen- und Christentumsgeschichte eingegangen.

Im Winter vom Jahr 1224 auf das Jahr 1225 schreibt dieser Franz von Assisi, den wir heute als Heiligen Franziskus kennen, auf dessen Namen sich auch der derzeitige Papst in Rom beruft, christliche Ökologiegeschichte. In einem psalmenartigen Gedicht – Franziskus selbst überschreibt es mit dem italienischen Titel „Cantico delle Creature" (Loblied der Geschöpfe) – bezeichnet er Sonne, Mond, Sterne und die Elemente der Erde als „Schwestern und Brüder".

Gelobt seist du, mein Herr,
mit allen deinen Geschöpfen,

zumal dem Herrn Bruder Sonne …
Gelobt seist du, mein Herr,
durch Schwester Mond und die Sterne …
Gelobt seist du, mein Herr,
durch Bruder Wind …
Gelobt seist du, mein Herr,
durch Schwester Wasser …
Gelobt seist du, mein Herr,
durch Bruder Feuer …
Gelobt seist du, mein Herr,
durch unsere Schwester, Mutter Erde …

Dieses Loblied auf den Schöpfer, in dem diese Verhältnisbestimmung der Geschwisterschaft von Franziskus vorgenommen wird, nennen wir im deutschsprachigen Raum „den Sonnengesang des Franz von Assisi".

Bemerkenswert ist, dass in diesem Sonnengesang auch der Tod in der Beziehung der Geschwisterschaft vorkommt.

Gelobt seist du, mein Herr,
durch unsere Schwester, den leiblichen Tod;
ihm kann kein Mensch lebend entrinnen.

Ein Aspekt der ökologischen Krise ist sicher auch der menschliche Drang nach Un-Endlichkeit. Im Sonnengesang des Franziskus begegnet ein „neues Leben gewinnender" Blick auf die Welt.

Der moderne Gedanke dieses Autors liegt darin, dass er der Natur durch die Bezeichnung mit den Begriffen „Schwester" und „Bruder", die zunächst nur der eigenen Familie oder auf andere Weise Gleichen zukommt, eine eigene Seele gegeben hat. Eines der Probleme dieser Welt ist seit jeher die Auffassung, dass es sich bei dem, was die

Schöpfung außer dem Menschen zu bieten hat, um „Dinge" handelt. Selbst Tiere, die in unmittelbarer Nähe zum Menschen leben oder gehalten werden, sind im juristischen Sinne „Dinge" bzw. „Sachen". Diese „dinghafte" oder „seelenlose" Zuschreibung ermöglicht es dem Menschen bis heute, Flora und Fauna zu missbrauchen.

Franz von Assisi lehrt einen anderen Umgang. Das geschieht bei ihm nicht allein mit den Worten des Sonnengesangs. Es wird auch davon erzählt, dass er den Vögeln predigte und dass er mit Tieren sprechen konnte.

In der Wirkungsgeschichte des Franziskus von Assisi ist jene Bewegung schon seit dem 13. Jahrhundert angelegt, die bis heute die Umweltschutzbewegung genannt wird. Sicher ist diese Bewegung soziologisch auch von anderen Faktoren und Ereignissen geprägt, wie von Woodstock, New Age oder der 68'er Bewegung, aber einer der „Gründerdenker" kann auch der „verrückte Franz" sein.

In der Vogelpredigt erinnert Franziskus an die Rolle der Vögel, die ihnen seit den Tagen der Sintflut und selbst in der Predigt Jesus gegeben wurde.

Rabe und Taube (Genesis 8)

Schon lange hatte es sich die Rabin mit ihrem Gefährten auf einem der Balken in Noahs Schiff, der Arche, bequem gemacht. Und doch sehnten sich die beiden, wie alle Vögel des Himmels danach, einmal wieder die Weite zu spüren, die sie flügelschlagend überfliegen könnten. Da war es ein freudiges Ereignis, als Noah kam, um die Rabin zu greifen.

„Gott hat die Brunnen der Tiefe und die Fenster des Himmels wieder verschlossen und die große Flut, die die Erde bedeckt, geht zurück“, sagte Noah zu der Rabin. „Sicher habt auch ihr Vögel wie alle anderen Tiere den Rumms bemerken können, als unsere Arche sich auf der Spitze dieses Berges niedergelassen hat. Wir schwimmen nicht mehr. Das merken ja alle, weil das Schiff nicht mehr rollt und stampft.“
Noah hatte die Rabin in seiner Hand, ging mit ihr durch die dunklen Gänge der Arche und öffnete das einzige Fenster, das er gemeinsam mit seinen Söhnen und ihren Familien in das Rettungsschiff gebaut hatte. Frische Luft erfüllte das Viereck und drängte nach innen. Es roch, wie es nach einem großen Regen riecht und die Frische tat der Rabin aber auch Noah selbst gut. „Was für eine Erleichterung, nach der langen Zeit ein Stück vom Himmel zu sehen“, sagte Noah und dann gab er der Rabin

den Auftrag, loszufliegen und zu schauen, ob die Erde nach der großen Flut schon wieder ein Ort war, auf dem all die Tiere leben konnten, die im Rettungsschiff die Klimakatastrophe überlebt hatten."
Die Rabin spannte die Flügel aus, erhob sich aus Noahs Hand und flog los. Noch aber fand sie keinen einzigen Lebensort für Maus und Kaninchen, für Ziege und Kuh, für Zebra und Löwe, für Papagei und Vogel Strauß. Und sie flog und flog und suchte und fand nichts – auch nicht den Weg zurück in die Arche.
Nachdem Noah auf die Rabin lange vergeblich gewartet hatte, nahm er eine Taube. Davon hatte er mehrere in der Arche, ließ sie aus dem Fenster fliegen und trug ihr auf, nach trockenem Land zu suchen. Die Taube kam schon bald wieder, hatte nichts gefunden, wo Fuchs und Dachs, Löwe und Tiger, Elefant und Kamel leben konnten. Überall noch Wasser.
Enttäuscht nahm Noah die Taube wieder in die Arche. Dann wandte er sich seiner Familie zu, die genauso ungeduldig auf das Ende der Flut wartete wie der ganze Rest im Bauch des Rettungsschiffes. „Wir müssen noch warten …".
Tage später ließ Noah die Taube noch einmal losfliegen. „Taube, schau dich auf der Erde um, ob Gott den Frieden zwischen Mensch und Tier und Umwelt wiederhergestellt hat. Schau dich um, ob alle die Arche verlassen können. Und gib uns dann ein Zeichen, dass der Friede in der Schöpfung wieder hergestellt ist."
So flog die Taube los und zwischen all dem Drunter und Drüber, das die Flut angerichtet hatte, zwischen all den Haufen von Schlick und Schlamm, die zurückgeblieben waren, sah die Taube grüne Flächen der Hoffnung auf neues Leben. Bäume hatten schon wieder grünende Zweige. Da brach die Taube ein einziges, mit neuem Leben hervorbrechendes Blatt vom Ölbaum und trug es in ihrem Schnabel zurück zur Arche.

Mit großer Freude zeigte Noah dieses frische Blatt der Hoffnung auf Gottes Frieden allen, die in der Arche waren. „Die schlimme Zeit im Kasten ist fast vorbei", rief er.
Wenige Tage später ließ Noah die Taube erneut losfliegen und sie fand so viel Schönes, so viel Grünes und Buntes unter dem blauen Himmel Gottes, dass sie ganz vergaß, zur Arche zurückzufliegen.
Noah aber und seine Söhne und deren Frauen, die vergeblich auf die Taube warteten, begannen, das Dach der Arche zu öffnen, und als sie dann auf den Sparren stehend mit weitem Blick ins Freie sehen konnten, sahen sie, dass die Flut tatsächlich zu Ende war.
Neues Leben war möglich.

Die Sperlinge unter dem Himmel
(Matthäus 6)

Jesus steht umringt von vielen Menschen, die seiner Predigt zuhören wollen. Es sind nicht immer nur die freundlichen Worte von Liebe und Gnade, die er heute findet. Heute predigt er auch davon, dass die Menschen manches in Gottes Augen falsch machen. „Ihr nennt es Vorsorge, wenn ihr euch eure Häuser und Keller mit so vielen Dingen füllt, dass ihr sie wohl niemals aufbrauchen könnt. Ihr nennt es Vorsorge für das, was ihr morgen vielleicht gar nicht braucht und anderen die Mittel zum Leben im Heute nimmt. Ihr sammelt Sachen, die ihr so nennt, die aber nichts nützen werden, wenn diese Welt mal zusammenbricht. Ihr findet lauter Sachen gut, die ihr haben wollt oder die ihr schon habt. Dann schaut ihr euch eure aufgehäuften Reichtümer an, und der so zusammengekommene Berg aus lauter Sachen und Klamotten verstellt euch den Blick auf das Wesentliche. Darauf nämlich, dass es viel zu schützen und zu sammeln gibt, was man nicht besitzen kann, was man nicht im Portmonee hat oder was nicht schon in der Wohnung steht."

Jesus schaut die Leute an, dreht sich einmal im Kreis, um alle sehen zu können und dann sagt er: „Man kann nicht Gott dienen und sich gleichzeitig immer nur selbst bedienen! Leute, das geht nicht."

Ein Lächeln umkräuselt die Lippen Jesu.

„Eure Lust nach Sicherheit, die sich auch darin äußert, dass ihr immer mehr in der Erde und auf der Erde danach sucht, was euch den Reichtum erhalten kann, ist falsch. Leben heißt, nicht immer nur zu graben und zu buddeln, zu grabschen und kriegen, sondern Leben heißt, sich auch auf Gott und seine Zukunftssicherung zu verlassen."

Dann weist Jesus mit zwei erhobenen Zeigefingern zum Himmel. Verfolgt mit beiden Fingern den kreisenden Flug der Vögel, die über der Menschenmenge frei herumfliegen und sagt: „Ich brauche eigentlich gar nicht so viele Worte zu machen. Schaut doch mal nach oben! Nein, nicht um Gott zu sehen. Das geht schon viel zu weit! Schaut doch mal nach oben und staunt über die Vögel."

Alle blicken jetzt nach oben, und Jesus macht eine Pause.

„Die Vögel säen nicht, sie ernten nicht, sie legen sich keine Panzerschränke an, in denen sie schützen, was sie haben oder was sie kriegen wollen. Die Vögel leben von dem, was die Natur ihnen gibt, ohne sie zu zerstören. Und sie kriegen, was sie

brauchen, weil Gott es ihnen gibt … So lange ihr Menschen es ihnen nicht nehmt."
Einer aus der Menge ruft Jesus zu: „Das sind doch Spatzen! Die wissen von nichts – außer vom Fressen."
„Ja!" antwortet Jesus. „Spatzen! Die kosten nahezu nichts! Aber es geht nicht um den Geldwert! Lernt das doch endlich mal! Es geht darum, dass Gott sie geschaffen hat, genauso wie euch."
Gedankenverloren scheint Jesus dem Flug der Vögel mit den Blicken zu folgen und doch wissen alle, dass er noch etwas sagen wird. Nach einer Pause sagt er dann: „Es geht darum, Gott zu entdecken, wenn ihr in die Welt seht. Es geht nicht darum, immer nur neue Möglichkeiten zu finden, Geld zu machen – ob in den Bergen, in den Tälern, in den Meeren, in den Wüsten oder unter dem Eis. Trachtet zuerst nach dem Reich Gottes und er wird euch Reichtum schenken."

Franz von Assisi, der den Tieren gepredigt hat, und der in seinem Glauben die ganze Welt in Geschwisterlichkeit mit dem Menschen verbunden wusste, hat sich dem Armutsideal so sehr verschrieben, dass er einen kirchlichen Armutsorden gegründet hat: die Franziskaner.

Im Wesentlichen kann eine Rückbesinnung auf die Ideale und die Frömmigkeit des Franziskus für die Ökologiedebatte dann auch bedeuten, dass die Menschen sich für weniger materiellen Reichtum begeistern lassen, um ein Mehr an natürlichem Reichtum wiederzugewinnen. Dabei gehört es in diesem Zusammenhang dazu, eine neue Behutsamkeit mit der Schöpfung zu gewinnen und auch der dicken Spinne im Haus die „Seele" zu lassen, indem man sie nicht einfach mit dem Hausschuh zerquetscht, sondern im übergestülpten Glas nach draußen bringt, wo sie dann eventuell einem Vogel zur Nahrung dienen kann.

Der Dialog als Möglichkeit eines neuen Umgangs mit der Schöpfung

Beim Lesen der ersten Seiten der Bibel, auf denen die theologischen Journalisten von der Zeit vor dem Sündenfall berichten, fällt auf, dass die Schlange im Garten Gottes tatsächlich noch sprechen kann. Ein direkter Dialog ist zwischen ihr und dem Menschen möglich. Zwar werden – bis auf eine hier nicht weiter auszuführende Ausnahme (4. Mose 22,28) – keine anderen „sprechenden" Tiere erwähnt. Aber folgt man der Idee der „sprechenden Schlange", so gibt es Gründe, die dafür sprechen können, dass tatsächlich vor der Vertreibung der Menschen aus dem Paradies ein Gespräch zwischen den Tieren und den Menschen möglich war. Der Verlust der Sprechmöglichkeiten zwischen Mensch und Tier ist dann direkte Folge des Sündenfalls. Man könnte versucht sein, die Anzeichen der großen Krise in der Beziehung zwischen Mensch und Tier auch darauf zurückzuführen, dass man sich nicht mehr – im wahrsten Sinne des Wortes – versteht.

Was der Mensch sowohl den Nutz- und Haustieren als auch den Wildtieren, sowohl den heimischen wie auch den exotischen, an Vernichtung der Würde und Lebensraum zufügt, hat mit dem Verlust einer allgemeinen, gelingenden Kommunikation zu tun.

In diesem Zusammenhang kann eine der Legenden, die sich um das Leben des Franziskus von Assisi ranken, dabei hilfreich sein, sich auf einen Heilungsweg in der gewaltigen und gewaltsamen Störung der Gesprächsfähigkeit zwischen Mensch und Tier zu begeben. Unter der Überschrift des konziliaren Prozesses der Bewahrung der Schöpfung, der Suche nach Frieden und Gerechtigkeit, wird Franz von Assisi zu einem der Protagonisten, der mit allen drei Begriffen auch über den Weg der Versöhnung Ernst zu machen beginnt.

Dr. Doolittle im 13. Jahrhundert oder Der Wolf von Gubbio

Das Dorf Gubbio in Mittelitalien wird von einem Wolf bedroht. Die Leute haben Angst vor dem Tier, und sie haben eine Aktion ins Leben gerufen: „Weidehaltung und Wolf vertragen sich nicht." Die Menschen haben sich so sehr daran gewöhnt, dass das Land, der Wald und die umliegenden Wiesen ausschließlich ihnen gehören, dass sie nicht mehr bereit sind, dem Wolf das Lebensrecht zu lassen. Mit Spießen und Stangen versuchen sie, ihn zu jagen und zu töten. Zwischen dem Wolf und den Menschen herrscht tiefe Feindschaft. Und tatsächlich reißt der Wolf auch Ziegen, Schafe und manchmal sogar Kälber. Franz von Assisi besucht den Ort Gubbio, um dort zu predigen. „Gott hat diese Welt zum Lebensraum für alle seine Geschöpfe

gemacht", predigt Franz. „Deswegen predigst du wohl auch den Vögeln und den Blumen", ruft einer der Bauern dazwischen. „Ja genau!", nickt Franz ganz selbstverständlich und merkt gar nicht, dass die Leute die Augen verdrehen, weil sie diesen Prediger für ein bisschen verrückt halten. „Dann versuch doch mal, dem bösen Wolf zu predigen!", schlägt eine Frau lachend vor. „Da wirst du merken, dass das nicht geht!" Franz bedankt sich. „Gute Idee", sagt er. „Ich glaube nicht daran, dass Gewalt unstoppbar ist und wenn Mensch und Wolf miteinander ‚reden', wird ein Friedenskompromiss möglich sein." Die Leute lachen laut. „Wo finde ich den Wolf?", fragt Franz und geht dann in die ihm gewiesene Richtung. „Nimm einen Knüppel mit!", ruft der Bürgermeister. „Nimm irgendeine Waffe mit!", rufen die Leute. „Brauche ich nicht", wendet sich Franz lachend um. „Der hat Mut!", sagt eine Frau. Franz, der das noch hört, sagt: „Zum Frieden gehört Mut und Fantasie und Glauben!"

Als er den Wolf trifft, bleckt der die Zähne, knurrt und stellt die Nackenhaare bedrohlich auf. „Bruder Wolf", sagt Franz ganz ruhig, „ich komme im Namen des Gottes, der Mensch und Tier zu Geschwistern gemacht hat. In Gubbio trachtet man dir nach dem Leben!" Der Wolf sagt: „Ich trachte den Menschen dort auch nach dem Leben." Franz hebt die Hände: „Es muss doch ein friedliches Miteinander möglich sein."

Und dann redet er mit dem Wolf.

Und über dem Gespräch der beiden entsteht ein Vertrag, dass man sich duldet und die Menschen versprechen, den Wolf nicht mehr als Feind zu sehen.

„Wir werden dich so ernähren", verspricht der Bürgermeister, „dass du es nicht mehr nötig haben wirst, wie der Dieb in der Nacht unsere Herden zu überfallen."

Heute ist es keine Frage mehr, dass das, was an Kommunikation zwischen Menschen und Tieren noch möglich erscheint, allein von den Bedürfnissen des Menschen bestimmt wird. Die Frage des geteilten Lebensraumes stellt sich nicht mehr, sondern es geht um die Beherrschbarkeit des Lebensraumes der Tiere durch den Menschen. Wo der Mensch seinen Herrschaftsbereich der Dörfer und Städte, des kultivierten Landbaus und geschützter Grünanlagen oder Erholungsgebiete aufgebaut hat, haben sowohl die wilden wie auch die domestizierten Tiere ihre Rechte der Freiheit und der Würde eines artgemäßen Lebens weitestgehend verloren. Auch das führt zur beklagenswerten Dezimierung der Arten auf unserem Planeten.

Das fehlende Gespräch wird zum Auslöser von Gewalt.

Dabei ist der Begriff „Sprache" oder „Gespräch" im Zusammenspiel des Lebens von Mensch und Tier und Pflanzenwelt natürlich der Legende überlassen oder dem Märchen von Dr. Doolittle, der die Sprache der Tiere spricht. In der Wirklichkeit dieser Welt werden wir keine „gemeinsame Sprache" mit Flora und Fauna finden, aber es ist ein Bild dafür, dass auf gegenseitige Bedürfnisse Rücksicht genommen wird. Das geschieht schon lange nicht mehr. Die Bedingungen eines Miteinanders oder eines Nebeneinanders werden nicht mehr ausgehandelt, sondern diktiert.

Im Verlauf der Geschichte der Menschheit entwickelt sich das Nebeneinander der Geschöpfe vor allem in westlichen Zivilisationen zu einem dialoglosen oder dialogunfähigen Kampf zwischen David und Goliath, wobei die Rollen dieser beiden im Laufe der immer weitergehenden Technisierung des Menschlichen sich zu Gunsten des Menschen geklärt haben. Er ist der gut ausgerüstete, großmäulige Riese, dem die Kleinen und Schwachen der unterdrückten Schöpfung ans (Über)Leben auf dieser Erde gehen, weil das zerstörte ökologische Gleichgewicht den Lebensraum aller nehmen kann.

David und Goliath üben Frieden im Krieg

(überraschend nach 1. Samuel 17)

„Deine drei ältesten Brüder sind im Krieg gegen die Philister", gibt Isai seinem jüngsten Sohn David einen prall gefüllten Sack mit Lebensmitteln. „Ich trage dir auf, an die Frontlinie zu gehen und ihnen diesen Sack zu bringen".
David nimmt den Sack, der mit Käse, Broten und gerösteten Körnern gefüllt ist, und bringt ihn zu den Brüdern, obwohl er wirklich sehr schwer zu tragen ist.
David fühlt sich schon länger nicht mehr zu klein, um auch die Feinde Israels zu bekämpfen. Es hatte lange Diskussionen mit dem Vater und den Brüdern gegeben, als es hieß, dass sich alle, bis auf David, dem Heerbann von König Saul anschließen sollten und wollten.
David weiß wie alle in Israel genau, wo die Frontlinie liegt. Auf direktem Weg geht er zum Eichgrund, wie das enge Tal genannt wird, das zwischen zwei hoch aufragenden Hügeln liegt. Auf der einen Seite steht kampfbereit das Heer der Philister, eines kriegerischen und gebietshungrigen Nachbarvolkes, mit dem es eigentlich schon immer Ärger gegeben hat.
Jetzt erreicht David das Eichgrundtal.
An einem mit Büschen und Bäumen bewachsenen Hang nach Osten hin, hat der israelitische Heerbann sein Lager aufgeschlagen. Schon begegnet David den ersten Wachen in dieser eigentlich so friedlich daliegenden Gegend. Mit festem Blick sind die Augen der Wächter auf das Feldlager der Philister

gerichtet, das direkt gegenüber an einem Hang wie diesem aufgeschlagen wurde.
„Der Vater lässt fragen, ob es euch einigermaßen gut geht", wendet sich David an die Brüder und übergibt ihnen die mitgebrachten Lebensmittel.
Mitten im Erzählen wie es zu Hause steht, wird David unterbrochen, als ein wahrhaft riesiger Mann aus dem Lager der Philister auf die Lichtung tritt, die das Eichgrundtal bildet. Das ist Goliath, ein Krieger der Philister. Sein Helm ist groß wie ein Kartoffelkorb, seine Rüstung so schwer wie mehrere Säcke mit Weizen und seine Lanze ist lang und schwer wie ein Baum.
Goliath ruft: „Hey, ihr armseligen Läuse aus Israel, die ausgezogen sind, diesen Krieg zu verlieren! Kommt aus eurem Versteck und kämpft endlich. Ist euer Gott, dem ihr nachlauft wie Hündchen ihrem Herrn, denn nicht bei euch? Habt ihr Angst, dass ich ihn bei weitem an Kraft und Kampfgeist überrage, so wie ich jeden von euch überrage? Hier ist mein Angebot: Wählt einen Mann unter euch aus, der gegen mich kämpft. Verliert er, ist für euch der Krieg verloren! Gewinnt er, haben wir den Krieg verloren, und das Heer der Philister zieht sich zurück!
Als sich niemand meldet, sagt David: „Ich kann gegen den Philister kämpfen!"
„Das kommt gar nicht in Frage", schüttelt der König seinen Kopf, „du wirst nicht gegen Goliath kämpfen. Du bist zu jung und zu klein."
David aber widerspricht: „Darum musst du dich nicht sorgen, mein König. Ich habe von Kindesbeinen an die Herden gehütet und beschützt. Und kam ein Löwe oder ein Bär und trug ein Schaf weg von der Herde, dann lief ich ihm nach und kämpfte.

Löwen und Bären habe ich vertrieben! Warum sollte ich Angst vor diesem Philister haben, der zwar groß aussieht, aber Gott nicht auf seiner Seite hat?!"
Da lässt König Saul es zu, dass David kämpfen will.
David bückt sich, sammelt fünf glatte Steine und steckt eine Zwille in den Gürtel.[1]
Unter den mitleidigen, aber auch bewundernden Blicken der Soldaten des israelitischen Heerbanns, verlässt David trotz der sicher bevorstehenden Niederlage das Lager.
Goliath: *„Ist das dein Ernst, du König Saul, Herr über einen Haufen verängstigter Klippdachse? Schickst du einen Knaben zum Kampf gegen mich? Willst du mich damit verhöhnen? Oder ist diese Ameise dein Gott, der so mächtig an deiner Seite kämpft? Ich werde die Wanze zermalmen! Dein Gott ist eine Witzfigur und nutzt eine ebensolche zum Kampf gegen mich."*
David: *„Kannst du mal einen Augenblick deine große Klappe halten? Ich bin sicher, einer von uns beiden wird das Schlachtfeld nicht lebend verlassen, wenn wir uns auf die bisher geltende Spielregel einlassen."*
Goliath: *„Was willst du Zwerg? Willst du dich vor einem Kampf drücken?"*
David: *„Nun brüll doch nicht so … Lass uns doch mal sehen, ob wir nicht beide lebend aus dieser vertrackten Kiste herauskommen können. Ich bin sicher, wir finden eine Lösung, bei der nicht einer von uns auf der Strecke bleiben muss."*
Goliath: *„Es ist die nackte Angst, die aus dir spricht! Bevor du auch nur einen Hieb gegen mich setzen kannst, wirst du schon*

1 In der biblischen Geschichte besiegt David den Riesen Goliath und tötet ihn. Im Folgenden wird die Geschichte allerdings anders erzählt.

vier Mal tot sein, weil mein Speer dich schneller durchbohrt als du ,Gelobt sei mein Gott!' sagen kannst."

David: *„Nun lass uns doch erst mal reden. Ich habe dir einen Vorschlag zu machen."*

Goliath: *„Was soll's! Rede erst, und dann mache ich dich fertig."*

David: *„Dann lass uns hinsetzen …"*

In beiden Lagern der Kriegsgegner herrscht große Aufregung. „Was machen die beiden da?", fragen sich sowohl die philistäischen als auch die israelitischen Soldaten. So haben sich beide Lager die Begegnung von Goliath und David nicht vorgestellt. Mit staunenden Gesichtern warten alle gespannt, was nun geschehen wird.

„Ich kenne deinen Namen", sagt David zu seinem ihm mächtig gegenüber sitzenden Gegner. „Dein Name ist Goliath und dein Name ist nicht ,namenloser' Feind. Ich heiße David. Dass wir uns beim Namen nennen können, ist doch schon mal ein Anfang für eine gelingende Verhandlung. Ich habe Brüder unter den Soldaten Israels und vielleicht hast auch du Brüder oder Freunde in eurem Heerlager. Ich habe einen Vater, der um mich trauern wird, wenn du mich tötest und du hast sicher auch Familie, die dich beweint, wenn ich dich töte."

Goliath: *„Das wird keinesfalls passieren! Ich werde dich töten!"*

David: *„Es ist dein gutes Recht, so zu denken. Aber muss es denn immer gleich zum Schlimmsten kommen. Hör zu! Ich habe folgenden Vorschlag: Wir bauen in vierzig Schritten Entfernung …"*

Goliath: *„Meine oder deine Schritte? Das ist ein Riesenunterschied …"*

David: *„Zwanzig von meinen und zwanzig von deinen. Das ist fair! … Also: Wir bauen in vierzig Schritten Entfernung* *fünf Ziele aus Steinen auf. Ich versuche, sie mit der Schleuder umzuschießen und du mit deinem Speer. Wer von uns gewinnt, soll Sieger in diesem Zweikampf sein und Verlierer für sein Heer. Und niemand wird getötet. Mein Gott hat dieses ewige Töten und Bekriegen satt!"*

Goliath: *„So einen Kampf hat es noch nie gegeben. Aber, ich mache mit!"*

So wird es nun gemacht. Goliath ist siegesgewiss, denn seit den Tagen der frühesten Jugend hat er gelernt, mit dem Speer jedes anvisierte Ziel zu treffen. Während er allerdings bei einem Wurf

sein Ziel verfehlt, trifft David jedes einzelne Mal mit der Schleuder. Die gut ausgewählten Kiesel, die er mit auf das Schlachtfeld genommen hat und endlose Übungsstunden auf den Feldern beim Hüten der Schafe des Vaters, machen ihn zu einem absolut sicheren Schützen.

Die Soldaten der Philister ziehen ab.
König Saul ist nicht glücklich über diesen Sieg, weil er nichts über die militärische Macht seines Heerbanns sagt. David aber singt: „Wohl den Menschen, die Gott für ihre Stärke halten und ihm folgen. Sie gehen als Sieger und freuen sich daran, dass Gott ihr Schirm und ihr Schild ist."

So wie die Erzählung hier neu eingebracht wird, passt sie zu dem Gesetz zur Humanisierung des Krieges, das im 5. Buch Mose im 20. Kapitel gefordert wird. Dort heißt es im Vers 10: „Wenn du vor eine Stadt ziehst, um gegen sie zu kämpfen, so sollst du ihr zuerst den Frieden anbieten."

Die Zeit der Geschwisterlichkeit

Schwester Mond und Bruder Sonne, so konnte Franziskus von Assisi von einer universalen Geschwisterlichkeit aller Geschöpfe sprechen. Ein „ökologisch" verstandener christlicher Glaube wird sich dieser „geschwisterlichen Partnerschaft" mit Welt und Umwelt nicht verschließen wollen. Dabei gerät dann auch die Zeit als Partner in den Blick. Bruder Vergangenheit und Schwester Zukunft spielen ihre Rolle im Verhalten der Menschen. Beiden gegenüber hat der

Mensch eine Verantwortung, auch in der ökologischen Debatte. Aus Fehlverhalten von gestern werden Konsequenzen für morgen gezogen. Der Wille Gottes ist es, dass die Menschen die Zukunft sichern und nicht verbauen.

Im christlichen Bezugsfeld wird die Verantwortung des Menschen für das Ergehen der Welt mit dem theologischen Begriff des Gerichts beschrieben. Die Vorstellung eines Jüngsten Gerichts, in dem menschliches Tun und Lassen bestraft oder belohnt wird, als ein Ereignis Gottes, das in einer unbestimmten Zukunft geschehen wird, erinnert daran, dass es nicht beliebig ist, wie in der Gegenwart gehandelt wird. Die Zukunft der Welt aufs Spiel zu setzen, bedeutet von der verbotenen Frucht im Garten Gottes zu essen. Dass das ökologische Fehlverhalten der Menschen, Strafe Gottes nach sich zieht, bildet sich auch in zwei biblischen Geschichten ab, die jeweils von der Zukunft Gottes in einer Zeit erzählen, die die Zukunft der Menschen an ein Ende gebracht hat.

Von der Bedeutung richtigen Handelns

(Matthäus 25)

Jesus steht in der Mitte einer Gruppe von Menschen. Man unterhält sich darüber, wie wohl die Zukunft mit Gott aussehen wird. Jesus sagt: „Eines Tages wird Gott die Zeit der Welt an ein Ende bringen. Himmel und Erde werden vergehen. Gott wird seine Schöpfung an ein Ende bringen.“
„Wann soll das sein?“, fragt einer.
Jesus zuckt mit den Schultern. „Das weiß nur Gott“.

„Hoffentlich gibt es die Welt noch sehr lange", hebt einer aus der Gruppe die Hand.
„Wie wird das denn, wenn Gott die Welt an ein Ende bringt?", fragt Bartholomäus.
Das ist einer der richtig engen Freunde von Jesus.
Jesus erzählt als Antwort eine Geschichte.
Stellt euch vor, dass am Ende der Zeit jemand wie ich von Gott gesandt wird, um das Tun und Lassen der Menschen zu beurteilen. Der Beauftragte Gottes sitzt wie ein König auf einem Thron, und die gesamte Menschheit steht vor ihm. Ein buntes Bild und alle stehen durcheinander. Das sieht chaotisch aus. So wie das Chaos vor der Erschaffung der Welt, das Gott dann ordnete.

Stellt euch weiter vor, dass der Beauftragte Gottes – vielleicht ist es auch eine beauftragte Frau – … dass diese königliche Person dann Ordnung in das Chaos aus Menschen aus allen Ländern der Welt bringt. So eine Vorstellung ist ja nicht so schwer. Für Hirtinnen und Hirten gehört das zum Berufsbild. Sie trennen die Böcke von den Schafen. So stellt es euch mal vor.

Dann sagt die königliche Person – von Gott beauftragt –: „Ihr alle …" und dann zeigt sie auf bestimmte Menschen und Menschengruppen, „ihr alle stellt euch bitte hierhin. Hier vorne. Rechts von mir. Ich habe gute Nachricht für euch. Euer Leben war gottwohlgefällig. Es hat Gott gefallen, wie ihr gelebt habt. Ihr habt mit eurer Lebensweise Rücksicht auf die genommen, denen vieles zum richtig guten Leben fehlte. Der Hunger in der Welt war euch nicht egal. Für Flüchtlinge aus der Fremde habt ihr nicht immer gern, aber irgendwie ganz selbstverständlich Platz gemacht. Die guten Medikamente der Reichen habt ihr mit den Armen geteilt. Für Menschenrechte und zu Unrecht Eingesperrte habt ihr demonstriert. Gegen die Verwüstung ganzer Teile der Erde habt ihr eure Stimme erhoben und habt deswegen auf manches verzichtet. Ihr habt erkannt, dass alles und jedes in der göttlichen Schöpfung eine Seele hat, die behütet und respektiert werden muss. Nun lade ich euch deswegen in den Himmel ein! Kommt, denn es ist alles bereit für euch."
*Jesus sieht in die gespannten Gesichter seiner Zuhörer*innen und dann spricht er mit leiser werdender Stimme weiter.*
Dann werden die, die so auf die rechte Seite gestellt wurden, überrascht sagen: „Wir haben uns bemüht, dem Elend in der Welt nicht mit so einer lässigen ‚Istdochegal-Haltung' zu begegnen. Aber lobst du uns nicht doch zu doll? Wir haben doch immer wieder nur sporadisch Gutes getan. Das war doch nichts Besonderes!"
Und der königliche Beauftragte – oder die königliche Beauftragte, wer weiß das schon – wird dann sagen: „Es war doch etwas Besonderes, denn jedes bisschen, das man Gutes tut, ist Antwort auf Gottes Liebe zur gut gemachten Schöpfung."
Jetzt blickt Jesus auf und sagt zu der Menschengruppe, der er diese Geschichte bis dahin erzählt: „Manche von euch lächeln

darüber, dass ich alle Menschen, die mir begegnen, Schwester oder Bruder nenne. Geschwistern wünscht man in der Regel nur das Beste. Und nun sage ich euch: „Was Ihr Menschen oder der Natur, Pflanzen, Tieren, Erde, Luft, Weltraum – Gutes durch euer Tun oder Lassen getan habt, das ist Antwort auf die Liebe Gottes gewesen, die ich euch predige. Darum heißt es:
Willkommen im Himmel!“
„Und was ist mit den anderen?“, fragt Hananias, der einer der ganz Frommen in der Gegend ist. „Was ist mit denen, die auf der linken Seite geblieben sind?“
Jesus lässt sich Zeit mit der Antwort.
„Letztlich ist das die Entscheidung jenes königlichen Beauftragten, aber ich nehme mal an, dass die anderen ähnlich angesprochen werden. Nur mit all dem Gegenteiligen. „Euch war der Hunger in der Welt mehr oder weniger egal. Ihr habt auf Kosten anderer gelebt. Habt der Natur die Seele abgesprochen, habt bei Unrecht geschwiegen, habt nach dem Motto gelebt: ‚Wenn jeder an sich denkt, ist an alle gedacht.‘“
„Da wird es aber reichlich Widerspruch aus den Reihen jener zur Linken geben“, widerspricht Hananias. „Du lobst die einen zu doll und uns kritisierst du zu viel“, werden sie sagen.
„Möglich“, antwortet Jesus. „Wahrscheinlich wird denen dann in etwa folgendermaßen geantwortet: ‚Was Ihr Menschen oder der Natur, Pflanzen, Tieren, Erde, Luft, Weltraum – durch euer Tun oder Lassen nicht an Gutem getan habt, das ist die Verweigerung auf die Antwort auf die Liebe Gottes gewesen, die ich euch predige. Darum heißt es: ‚Für den Himmel seid ihr noch nicht bereit.‘“

Diese Erzählung aus dem Matthäus-Evangelium, die in der Bibelübersetzung Martin Luthers die Überschrift „Vom Weltgericht“

trägt, weist auf einen Zeitpunkt jenseits der Zeit hin, in dem die Menschen zur Verantwortung für ihr Tun und Lassen gezogen werden.

Der Evangelist Lukas nun – ein schriftstellernder Kollege des Matthäus – hat die Vorstellung eines Gerichts nicht an den generellen Endpunkt der Zeit verlegt, sondern er personalisiert diesen Gedanken. Wesentlich ist in seiner Erzählung, dass dem Menschen, der nach dem Ende seiner Zeit – also nach dem Tod – Strafe für Unterlassungen der Liebe erhält, noch einmal deutlich gesagt wird, dass er es schließlich gewusst haben kann, dass sein Leben in Verantwortung vor dem Leben anderer steht. Diese Sichtweise kann heute als überaus aktuell betrachtet werden. Angesichts der globalen Krisensituation des Klimawechsels, des Artensterbens und der Polschmelze, muss auch der Menschheit heute bewusst sein, dass sie sich durch ihr zögerliches und von rein wirtschaftlichen Interessen geleitetes „Weiter-so-Verhalten“, die Konsequenzen selbst zuzuschreiben hat.

„Du hast es doch gewusst …“
(Lukas 16)

Jesus erzählt einer Gruppe von Menschen, die sich Gott nahe fühlen und die von dem Glauben getragen werden, dass sie ihr Leben in der Welt so führen, wie Gott es will.
„Ich will von zwei Männern erzählen“, beginnt Jesus. Den einen nenne ich einfach nur „den Reichen“, weil der alles hat, was man im Leben so braucht. Drei Mahlzeiten, morgens mit frischen Brötchen, abends mit Wurst und Käse. Mittags warm. Kleidung hat er für jedes mögliche Wetter und für verschiedene Anlässe. Manchmal kleidet er sich businessmäßig mit Schlips und Kragen,

manchmal trägt er Freizeitlook. Es geht ihm gut. Er lebt da, wo die Welt – wie man so sagt – „noch in Ordnung“ ist. Für ihn gibt es keinen Grund, auf den armen Kerl zu schauen, dem im wahrsten Sinne des Wortes „vor der Haustür“ des Reichen das Wasser bis zum Hals steht. Dem Armen“, so sagt Jesus, „gebe ich einen Namen. Sonst bleibt die Armut bei den Reichen immer namenlos und das soll sie nicht.“ Jesus nennt den Armen Lazarus. Von Lazarus erzählt er, dass es ihm an allem fehlte, was das Leben nötig hat und dass das meilenweit entfernt ist, was dem Lazarus das Leben auch nur annähernd schön machen kann. „Lazarus ist ein so armer Hund“, erzählt Jesus, „dass die Hunde seine einzigen Freunde sind. Streuner, die auch nichts haben.“ Jesus macht eine Bewegung zur Linken und sagt: „Nun stellt euch vor, dass hier der Reiche lebt.“ Dann macht er eine Bewegung zur Rechten: „und hier lebt Lazarus.“
Die Leute, die Jesus zuhören, können sich das gut vorstellen. Sie gehören auch zu den Reichen und wissen, dass es Arme gibt, aber die sind weit weg von ihnen.

Jesus erzählt weiter: „Nun sterben beide. Lazarus und der Reiche. Und für Lazarus gibt es etwas ganz Neues. Engel tragen ihn in den Himmel. Da ist Gut-Sein. Aber auch für den Reichen gibt es etwas ganz Neues. Er wird begraben und die Erde, von deren Gütern er so gut gelebt hat, behält ihn bei sich. Und die Erde rächt sich für all die Ungerechtigkeiten, die sie vom Reichen ertragen musste, wie er das Wasser verseuchte, die Luft verpestete und ihr immer tiefere Wunden beibrachte. Es fehlt dem Reichen plötzlich an allem. Sogar an einem Glas klaren Wassers."

Jesus macht wieder so eine Bewegung zur Linken und sagt: „Nun stellt euch vor, dass der Reiche hier festgehalten von einer fruchtlosen Erde ist." Und dann machte er so eine Bewegung zur Rechten: „Und hier stellt euch mal Lazarus vor. Jetzt wird er von Abraham gehalten, der zu Gottes treusten Leuten gehörte. Lazarus ist sozusagen in Abrahams Schoß. Ihm geht es gut." Was dem Reichen im Leben nie so recht gelungen ist, ist ihm nun möglich: Er sieht Lazarus. Und eigenartigerweise kennt er auch seinen Namen.

„Lazarus, hilf mir. Mir geht es sehr schlecht!", bittet der Reiche. Lazarus aber kann Abrahams Schoß nicht verlassen.

„Zwischen hier bei mir und dort bei dir gibt es keine Brücke!" Der Reiche seufzt und dann bittet er: „Wenn es möglich ist, Lazarus, dann geh zu meinen Leuten, die noch leben und sage ihnen, dass ihr Leben am Ende verantwortet werden muss. Sie sollen mit offenen Augen für Elend, Not und Unrecht an allem Lebendigen durch die Welt gehen."

Aber Lazarus kann Abrahams Schoß nicht verlassen und eine Stimme sagt dem Reichen: „Es ist ja nicht so, dass nicht jeder Mensch wissen könnte, dass sein Tun und Lassen vor Gott verantwortet werden muss. Es gibt genügend Leute unter den

Lebenden, die daran mahnend erinnern und wer es will, kann es auch überall lesen. Das muss reichen."
Und dann hört der Reiche noch, wie die Stimme sagt:
„Übrigens wissen die Menschen davon bereits, aber es juckt sie nicht wirklich."

Dass die Menschen die Konsequenzen verweigerter Liebe zu Natur und Umwelt und zu ihresgleichen zu tragen haben, ist in der Bibel im Grunde schon in der allerersten Episode erzählt, die von den Menschen handelt. Die theologischen Journalisten der ersten Verschriftlichung der Geschichte Gottes mit den Menschen, erinnern darum an Eva und Adam, die als Konsequenz ihres Ungehorsams gegen Gottes Gebot, den göttlichen Garten des Paradieses verlassen müssen. Dieser Ungehorsam, der Konsequenzen zeitigt, zieht sich durch die Geschichte der Menschen mit ihrem Gott bis in das Neue Testament hinein und verlängert sich bis in unsere Zeit. Die Gründe für den Ungehorsam Gott gegenüber sind dabei vielfältig und manche sind eher zufällig. So könnte man die Sünde Evas und Adams ja auch sehen. Menschliche Neugier – Wie schmeckt die verbotene Frucht wohl? – kann einer der Auslöser des Ungehorsams sein.

Aber die eigentlichen Motive, sich gegen Gottes Gebot zu stellen, sind – das zeigt die ökologische Debatte bis heute – Missgunst, Neid, Gier, Egoismen und die Angst, etwas am Leben und im Leben zu verpassen.

Teil 4

Frieden, Gerechtigkeit, Heil – Zeit der Umkehr

Nachdem in den bisherigen Überlegungen vor allem der Mensch vor Gott vorkam oder das Verhältnis des Menschen zu Gottes Schöpfung bedacht wurde, wird im Folgenden die Frage gestellt, wie sich Jesus in die ökologische Bewegung einreihen lässt. Was über ihn bekannt ist, findet sich in den vier Evangelien des Neuen Testaments. Die Person steht dabei in einer provozierend deckungsgleichen Einheit mit den Forderungen jener, die sich einem erweiterten Umweltschutz verbunden fühlen, von dem die Programmatik des konziliaren Prozesses bestimmt wird.

Bei der heutigen ökologischen Debatte geht es schon lange nicht mehr allein um den Umweltschutz. Es geht nicht allein um den blauen Himmel, die reine Luft, das saubere Wasser und intakte Ökosysteme für die Menschen und – vielleicht mittlerweile vor allem – um die Bewahrung des Lebensraumes für Tiere, von der Mücke bis zum Elefant. Auf der Suche nach einem gelingenden und die Zukunft der Erde rettenden Umweltschutz sind die Aufgaben und Zielsetzungen deutlich komplexer geworden.

Es reicht jenen Pädagog*innen des Umweltschutzes nicht mehr, den Menschen beizubringen, dass man kein Bonbonpapier einfach in die Landschaft wirft oder dass kurze Strecken nicht mehr mit dem Auto gefahren werden sollen. Es geht um eine grundsätzliche Lebenshaltung, zu der die Frage gehört, wie oft man in den Urlaub fliegen darf, ob man sich ein Eigenheim mit gutem ökologischem Gewissen bauen darf, wieviel Fleisch noch auf den Tisch des Hauses kommen kann, und mit welchem Energieaufwand man den Alltag betreibt. Die ökologische Bewegung dieser Tage sieht eine Vernetzung des einen mit dem anderen. Unser Lebensstil steht für sie ganz grundsätzlich in Frage. Dabei wird der Zusammenhang vom guten Leben der einen mit dem schlechten Leben der anderen hergestellt und aufgezeigt. Dass Menschen in großen Teilen der „Mehr-als-Dreiviertelwelt" hungern und von Naturkatastrophen bedroht sind, wird mit dem Lebensmodell des anderen „Mehr?-als-ein-Viertels" der Welt in Verbindung gebracht. Die Massentierhaltung in Brandenburg und anderswo hat mit der Klimaveränderung ebenso zu tun, wie das Abholzen der Regenwälder in Südamerika.

Natürlich gibt es auch eine konfessionslose oder sogar areligiöse Umweltschutzbewegung, aber die Erkenntnisse all jener, die sich für „die Rettung des Planeten" mit ökologischen Aufrufen und Aktionen einsetzen, teilen die Erkenntnis, dass das ökologische Gleichgewicht nicht nur verschoben ist, sondern ins Trudeln gerät. Eine Bewegung, die letztlich diese Welt das Ende kosten könnte.

Diese Erkenntnis allerdings, dass Menschen die Zusammenhänge der natürlichen, gesunden Abläufe nicht wirklich erfassen können, dass sie damit trotz aller intellektuellen Höhenflüge menschlichen Geistes überfordert sind, legt für den Glauben an Gott nahe, dass ihm dieses Gleichgewicht wieder in die Hände gelegt werden muss.

Selbstverständlich hat sich in die ökologische Bewegung die Friedensbewegung einpassen lassen. Der Friedensbegriff ist auf die gesamte politische Welt bezogen worden. Dabei ist zu beobachten, dass es die wirtschaftlichen Prozesse und Interessen sind, die sowohl den Frieden mit der Natur, als auch den Frieden unter den Völkern bedrohen.

In diese komplexe Lage der kaum noch zu entwirrenden Verstrickungen in ökologische Zerstörungswut, tritt die Person Jesu mit ihrem deutlichen Ruf zur Umkehr. Die Predigt Jesu in Wort und Tat lässt dabei der Hoffnung auf gelingende Umkehr und auf rettendes Handeln Gottes einen großen Raum. Anders sieht das eine der anderen wichtigen Figuren des Neuen Testaments: Johannes der Täufer. Dieser Mann hat sich dem erzählerischen Willen des Evangelisten Matthäus folgend schon aus der bürgerlich behäbigen Welt verabschiedet, um ein nachhaltiges, ökologisch gerechtes Leben zu führen. Dieser Johannes der Täufer erklärt in seinen Predigten, dass die Zeit der Welt schon jetzt an ihr Ende gekommen ist, während Jesus der Weltzeit noch die Chance auf Umkehr gibt und zutraut.

„Es hat schon lange Zwölf geschlagen …“

(Matthäus 3)

Johannes ist eine lokale Berühmtheit geworden. Man hat ihm offiziell den Spitznamen „Der Täufer“ gegeben. Insgeheim aber reden die Leute, wenn sie von Johannes sprechen, über den „Spinner unten am Jordan“. Johannes hat es sich zur Lebensaufgabe gemacht, den Menschen im Namen Gottes – so sagt er es jedenfalls – unangenehme Wahrheiten auf den Kopf zuzusagen.
Schon vor längerer Zeit hat er sich aus dem Leben der „normalen“ Leute zurückgezogen. Lebt von dem, was in seinem Garten wächst, hat sich aus Kamelhaaren ein Gewand machen lassen, und wirr stehen ihm die Haare vom Kopf.
Wenn man Elisabeth, die Mutter des Johannes, auf ihren erwachsenen Sohn anspricht, zuckt sie liebevoll mit den

Schultern und sagt: „Der Junge hat eine schwierige Phase! Er fühlt sich von Gott beauftragt, uns allen den Spiegel vorzuhalten, der uns allen zeigt, dass wir falsch leben.“ Johannes verweigert die üblichen Essgewohnheiten. Er ernährt sich von gegrillten Heuschrecken, von wildem Honig und was die Natur ihm sonst so bietet. Wer sich ihm nähert, wird laut angerufen: „Kommt ruhig näher! Ich habe den Auftrag Gottes, euch zu predigen! Ihr lebt falsch! Ihr müsst euch und eure Lebensgewohnheiten ändern. Sonst endet das böse! Lasst Gott wieder in euer Leben. Denn Gott will, dass diese Welt gut sein soll. Gut für alle Geschöpfe.“

Tatsächlich kommen viele Menschen aus Jerusalem und Judäa, um sich anzuhören, was Johannes zu sagen hat. „So geht es nicht weiter!“, predigt Johannes. „Es gibt kein Weiter So!“ Dann lädt er die Leute ein, sich mit ihm zusammen in

den Jordan zu stellen. „Wer von mir das Wasser des Jordans über den Kopf bekommen hat, der kann sein Leben ändern und kann daran mitarbeiten, dass die Welt nicht untergeht, weil alle Gottes Schöpfung verraten."
Viele nicken mit den Köpfen. „Tatsächlich müssten wir eigentlich etwas an unserem Lebensstil ändern", sagen sie.
Andere sagen: „Irgendwie hat er recht!"
Die allerdings, die sich für fromm und rechtschaffen halten, regen sich auf. „Der Spinner mit der merkwürdigen Kleidung versteht Gott nicht. Er sollte lieber mal uns zuhören!"
Für diese Menschen hat Johannes kein freundliches Wort. „Ihr seid doch bigott!", ruft er. „Redet von Gott in der Welt und feiert euch nur selbst. Das nimmt ein schlimmes Ende! Glaubt mir, es ist fünf nach Zwölf, wenn es um die Rettung des guten Lebens auf der guten Erde geht! Macht entweder mit bei der radikalen Umkehr von den falschen Wegen oder lauft in den Untergang!"

Jesus teilt die Radikalität nicht, mit der Johannes der Täufer das Gericht über eine Welt ansagt, die sich dem „Weg der Gerechtigkeit Gottes" versagt.

Frieden, Gerechtigkeit, Bewahrung der Schöpfung bzw. Heil für die Welt sind allerdings auch Schlüsselbegriffe der Verkündigung Jesu. Diese Verkündigung ist aber deutlich nicht auf eine unausweichliche Katastrophe ausgerichtet. In der rechtzeitigen Umkehr von den Irrwegen der Lebensführung ohne Rücksichten auf Mensch, Tier und Umwelt liegt für Jesus ein Heilsweg, den Gott mit der Erde weiter zu gehen bereit ist.

In der Bergpredigt findet sich das ökologische Grundsatzprogramm der Ethik Jesu, die mit den Seligpreisungen eröffnet wird.

Heil für die Welt
(Matthäus 5, 1 – 10)

Es ist noch zum Beginn der Wirksamkeit Jesu, und doch hat es sich unter den Leuten herumgesprochen, dass dieser durch das Land ziehende Prediger grundsätzliche Wahrheiten für das Leben mit Gott verkündigt. So sind heute viele Menschen zusammengekommen, um Jesus predigen zu hören. Auf dem Kamm einer Höhe steht – für alle gut sichtbar und gut hörbar – Jesus und sagt:
„Heil für die Welt bedeuten alle, die sich nicht für klüger als Gott halten. Sie arbeiten gegen höllische Zustände in der Welt und unterstützen den Himmel.
Heil für die Welt bezeugen die, die auch im Leiden die Hoffnung nicht darauf verlieren, dass Gott sie im Leiden begleitet.
Heil für die Welt tragen die bei, die den unberechenbaren Zorn nicht kennen, denn sie machen das Leben auf der Erde stark.
Heil für die Welt tragen die bei, die kein höheres Gut kennen als Gerechtigkeit. Ihr Streben danach erfüllt sich.
Heil für die Welt tragen die bei, die über allem barmherzig bleiben. Sie werden ernten, was sie säen: Früchte der Barmherzigkeit.
Heil für die Welt tragen die bei, die sich nicht von den schlechten Dingen dieser Welt vergiften lassen. Gott wird ihnen zum Gegenüber.
Heil für die Welt tragen die bei, die kein höheres Ziel als den Frieden in der ganzen Schöpfung fördern. Sie zeigen Gottes Willen für die Welt.

Heil für die Welt tragen die bei, die für gerechte Weltverhältnisse demonstrieren und darum verlacht werden. Sie arbeiten am Himmel auf Erden."

Die Predigt Jesu gibt den Menschen in Gottes Welt eine ähnlich definierte Rolle wie sie ihnen von den theologischen Journalisten der ersten Bibelseiten im Ideal zugeschrieben wurden. Dort setzte Gott die Menschen in jenen Episoden des ersten Buches Mose ein, um verantwortlich „zu herrschen und sich die Erde untertan zu machen" oder „um den Garten der Welt" zu„bebauen und zu bewahren". Hier – bei Jesus – gilt dieselbe ethische Richtung. Es geht hier wie dort um „Welterhaltung" und „Nachhaltigkeit".

Im Rahmen seiner Predigt auf dem Berg, die der Evangelist Matthäus – möglicherweise aus authentischen Erinnerungen von alt gewordenen Zeitzeug*innen – aufgeschrieben hat, gibt Jesus den Menschen, die (auf) ihn hören, eine sie sehr hochschätzende Rolle, die das Gesamtszenario der Welt zum Guten verbessern kann. Diese Rolle hat auch Konsequenzen für das Handeln in der Welt.

Zeichensetzung
(Matthäus 5, 13 – 16)

Erwartungsvoll stehen die Menschen da, die gekommen sind, um sich Jesus anzusehen und ihm zuzuhören, wie er den Zustand der Welt sieht. Eltern flüstern ihren Kindern zu: „Nun sei mal bitte einen Augenblick ganz still, damit ich Jesus gut hören kann." Dem redseligen Josua wird gleich von mehreren in der Menge der vor den Mund gelegte Zeigefinger gezeigt: „Josua, nun halt mal bitte die Klappe. Jesus redet, und wir wollen ihn verstehen." Dann breitet Jesus freundlich seine Arme aus und fragt: „Hat jemand von euch schon mal das Salz am Brot oder an der Suppe vergessen? Wie war das dann beim Essen?"

„Es hat fad geschmeckt", ruft Salome. „Es war peinlich, weil ich eigentlich zu einem Mahl mit Gästen eingeladen hatte. Ich habe mich geschämt und mich tausendmal entschuldigt."
Jesus winkt Salome zu. „Deine Gäste werden es dir verziehen haben. Und doch sage ich allen, die zu Gott in dieser Welt gehören wollen: Vergesst es nicht, dass er euch als Salz den guten Geschmack seiner Schöpfung verstärkend haben will. Ihr seid wie Salz. Stellt euch vor, dass es auf euch ankommt, dass die Welt nicht fade schmeckt."
Zwei oder drei lachen und eine ruft in die Menge: „Ich stelle mir euch alle gerade als Salzstreuer vor. Das ist lustig!"
Da sagt Jesus: „Und ich stelle mir euch alle wie Leuchter vor, auf denen eine helle Kerze brennt."

„Ach, verglichen mit den Großen dieser Welt, sind wir doch alle nur ganz kleine Lichtlein!“, widerspricht Salome. Jesus lächelt sie und alle anderen an und dann sagt er: „In den Augen Gottes gibt es keine kleinen Lichtlein. Alle von euch haben die Möglichkeit, in der Welt, in der ihr lebt, Gutes zu tun. Leben zu schützen und die Natur zu achten. Ihr seid alle große Lichter. Bleibt euch dessen immer bewusst. Das ist eine Art, Gott zu loben: **Ich danke dir, dass ich ein großes Licht bin!“**
Der redselige Josua ruft: „Wir sind Salz für die Erde und Licht für die Welt!“
Und Jesus sagt: „Halleluja, Josua.“

Einen höchst kontroversen Beitrag zur Debatte um Frieden und Gerechtigkeit liefert Jesus nach dieser noch eher zurückhaltenden Rollenzuschreibung des Menschen in der Welt als Salz und Licht.

Einige Verse später in derselben Bergpredigt, auf die sich friedensbewegte Menschen immer wieder berufen, wird Jesus – wenn man so sagen will – wirklich radikal und fordert die Abschaffung der Gewalt.

Dieser Teil der Bergpredigt wurde von bedeutenden Politiker*innen wie seinerzeit dem Bundeskanzler Helmut Schmidt und schon damals Fürst Otto von Bismarck als „politikunfähig“ bezeichnet.

„Mit der Bergpredigt kann man keine Politik machen!“ Wahrscheinlich ist dieser Satz, der die machtpolitische Relevanz des Evangeliums ablehnt, durchaus realistisch. Aber in der Konsequenz bedeutet dieses politische Urteil, der Gewalt nicht den konsequenten Kampf anzusagen. Mit dem Hinweis auf die „Unvernunft“ der radikalen Thesen Jesu, verbindet sich gleichzeitig die behauptete Legitimation eines wie auch immer gearteten „Weiter so!“

Insofern wird die gesamte ökologische Problematik in den Thesen Jesu mitangesprochen. Der Schluss legt nahe, dass nach dem Motto geredet und gehandelt wird: Wenn nichts radikal Neues möglich ist, muss eben das Alte bleiben.

Gegen die Politik der ausgefahrenen Ellenbogen
(Matthäus 5, 38 – 48)

Da stehen fromme Menschen um Jesus herum. Er predigt. Und es entwickelt sich während der Predigt so ein Frage-und-Antwort-Spiel. Jesus spricht von den ganz alltäglichen Dingen des Lebens, und die meisten bleiben still.
Dann aber kommt Jesus auf ein kontroverses Thema zu sprechen.
„Wie man in den Wald hineinruft, so kommt es zurück", sagt Jesus. „Das ist eine Regel, an die sich viele von euch halten."
„Na klar!", ruft einer der Zuhörer. „Ich sage immer: Wie du mir, so ich dir! Wenn mir einer eins auf die Nase gibt, kriegt er zwei zurück!"
„Tja", hebt Jesus bedauernd die Hände, „genau das finde ich falsch. Ich weiß auch, dass es dieses vermeintliche Sprichwort aus der Bibel gibt, das fordert ‚Auge um Auge! Zahn um Zahn!' Aber das ist einfach missverstanden. Es geht hier um Schadenersatz und nicht um plumpe Rache! Aber alle verstehen es heute als Racheakt. Und so entsteht ein Kreislauf der Gewalt, der unbedingt durchbrochen werden muss."
„… und wie stellst du dir das vor?", fragt der Zwischenrufer.
„Wenn dir jemand auf die rechte Wange schlägt", lächelt Jesus und hebt beide Hände hoch, „dann schlag nicht zurück,

sondern biete ihm auch die linke Wange. Wenn jemand deinen Mantel haben will und mit Gewalt droht, dann gib ihm auch noch das Sweatshirt. Zwingt dir jemand seine Begleitung auf einem Weg auf, und du wärest ihn am liebsten so schnell wie möglich los, geh mit ihm die doppelte Strecke, und wenn jemand von dir etwas borgen möchte, dann tu nicht so, als ob das gerade jetzt nicht geht."
„Hört! Hört!", ruft der Zwischenrufer. „Wer so lebt, der kennt das Leben nicht! Ich sage euch, dass man ohne ausgefahrenen Ellenbogen nicht zurechtkommt!"
Einige der Zuhörenden tippen sich an die Stirn und gehen kopfschüttelnd. „Dieser Jesus ist ja ein netter Kerl, aber auch ein bisschen verrückt!"
Denen, die noch weiter zuhören, sagt Jesus: „Ihr müsst immer bedenken, dass Gott die ganze Welt gemacht hat und über allem und jedem seine Sonne scheinen lässt. Wenn ihr das tut, erkennt ihr, dass alle Menschen unter Gottes Himmel zusammengehören. Dann ist die Einstellung, dass man seine Feinde hasst, unsinnig geworden. Unter der Voraussetzung der Gemeinschaft der Geschöpfe Gottes sage ich euch: Ihr müsst die Feindschaft aus der Welt herauslieben. Es ist ja nichts Besonderes, wenn ihr freundlich zu euren Leuten seid. Es ist aber besonders, wenn ihr euren Feinden mit Liebe begegnet."
„Das kann doch niemand!", ruft der Zwischenrufer.
Jesus zuckt mit den Schultern und sagt: „Gott als euer Vater im Himmel ist vollkommen. Warum nicht auch ihr?"

Dass radikales Umdenken in der ökologischen Diskussion nötig wird, ist in der Theorie vielen Menschen bewusst. Die Theorie scheitert jedoch oft genug an der Praxis. Viele vermeintlich „gute" oder „vernünftige" Gründe werden aufgeboten, warum eine Umkehr von eingeschlagenen Wegen nicht möglich ist. Meistens sind es dabei wirtschaftliche Argumente, die anscheinend den Weg in eine neue Richtung verhindern. Sehr oft aber ist es auch die Fantasielosigkeit jener, die in der Lage sind, nicht allein richtungsweisende Ideen zu liefern, sondern auch richtungsweisende Entscheidungen zu fällen.

Der Fantasie Jesu, die sich vorstellen kann, die Feindschaft um Gottes Willen aus der Welt „herauszulieben", begegnet die angeblich realitätspolitische Behauptung, dass Dinge, die schon immer so waren oder gehandhabt wurden, zumindest nicht ohne erhebliche Zeiträume oder noch erheblichere nachrangigere Maßnahmen umkehrbar wären.

Der wahre Grund für die Fantasielosigkeit, die sich eine neue Welt nicht vorstellen kann, ist dabei wahrscheinlich die Tatsache, dass es überaus anstrengend sein kann, sich ändern zu müssen bzw. sich von dem bisherigen Lebensstil und dem bisher geltenden Wertekonsens verabschieden zu müssen. Anstrengung ist allerdings unpopulär.

Das heißt konkret: Es ist in einer Demokratie oft die Angst der Gewählten, den Wählenden damit zu kommen, dass Anstrengungen von ihnen gefordert werden.

Tempolimit

(Matthäus 7, 12 – 23)

Jesus predigt. Wie immer sind aus den umliegenden Dörfern Menschen gekommen. Die einen wollen ihn einfach nur mal sehen, weil sie schon so viel über ihn gehört haben. Die anderen kommen mit der Hoffnung, für die Krisen ihres Lebens etwas Tröstliches zu erfahren. Dritte hoffen herauszufinden, was es mit diesem Wanderprediger wirklich auf sich hat.

Sie alle hören Jesus sagen: „Meine Lieben, zu Gott zu gehören ist schön und schwierig zugleich. Schön ist es, dass man den Himmel gewinnen kann. Schwierig ist es, dass man dafür den anderen Menschen den Himmel verschenken muss."
„Wie geht das denn?", fragt der alte Simeon, der in Kapernaum am See in einem kleinen Haus am Ortsrand lebt und den alle mögen.
„Das geht so", antwortet Jesus, „dass ihr alles das, was ihr euch für euer Leben wünscht, auch den anderen gönnt."
„Wie meinst du das?", ruft Sirpa, die Frau des Bäckers von Kapernaum.
„Ganz einfach", wendet sich Jesus ihr zu. „Alles was ihr wollt, dass euch die Leute tun, das tut ihnen auch!" Dann erklärt er: „Es geht um eine neue Lebenshaltung, die gönnen kann, die Respekt zeigt, die jedem Menschen und jedem Tier die Würde lässt. Es geht nicht um ein ‚Wie du mir, so ich dir!', sondern es geht darum, das Gute, das man sich selbst wünscht und sich selbst tut, auch den anderen zu tun. Dazu gehört auch ganz konkret: Mit Freundlichkeit zu reagieren, wenn jemand maulig ist."
„Oh!", entfährt es einer jungen Frau, „das ist aber schwer!"
„Stellt euch zwei Torbögen auf dem Weg zum Himmel vor", zeichnet Jesus zwei Tore mit einem Stock in den Sand. „Das eine Tor ist breit wie das berühmte Scheunentor. Das andere ist schmal und wirklich eng. Durch das breite könnt ihr einfach so durchrauschen oder durchrasen. Das ist nicht wirklich ein Hindernis für euer schnelles und oft rücksichtsloses Leben gegen Gott, gegen Mensch und die Natur. Hier heißt es einfach, weiter Gas zu geben. Bremsen ist nicht nötig. Das andere aber zwingt euch zum Einhalten. Hier müsst ihr euch überlegen, wie ihr durch dieses Tor kommt. Was passt nicht zusammen mit euch dadurch? Was müsst ihr zurücklassen?"

„Ich nehme das breite Tor …“, meldet sich ein junger Mann, der mit den Fingern schnippt.
Jesus sagt: „Ich rate zur engen Pforte, zum engen Tor. Auf dem Weg in den Himmel geht es nicht darum, möglichst ungebremst einfach durchzukommen, sondern es geht darum, dass man sich auch anstrengen muss, auf dem Weg bleiben zu können. Lasst euch nicht einreden, dass euer Verhalten im Leben egal ist. Wer in den Himmel Gottes kommen will, muss hier schon am Himmel mitarbeiten.“
„Und wenn ich das gar nicht will?“, ruft der junge Mann.
„Nicht alle, die sagen: Hey! Ich will aber in den Himmel kommen, kommen auch rein“, sagt Jesus. „Tut mir leid! Aber eine kleine Anstrengung der Liebe gehört schon dazu.“

Politiker*innen, die Anstrengungen fordern, die auch dazu führen können, dass auf das eine oder andere bisher Gehabte verzichtet werden muss, stehen in der Gefahr, nicht wiedergewählt zu werden. Was Menschen aber vor allem reizt, ist Macht und Machterhalt. Möglicherweise geht es auch in der gegenwärtigen ökologischen

Situation genau darum. Der Mensch, selbst unter der Bedrohung der Klimakrise, kann sich einen Machtverzicht nicht so recht vorstellen.

Für Jesus ist die Machtfrage in der Welt geklärt. Gott gehört alle Macht, und darum sind ihm das Zögern und die Unentschiedenheit fremd, die die ökologische Situation im Heute prägen. Mit dem Hinweis darauf, dass er auf den Einsatz göttlicher Gewalt bewusst verzichtet, gibt er sich bei seiner Gefangennahme im Garten Gethsemane nicht allein in die Hände seiner Gegner, sondern fordert auch von seinen kampfbereiten Freunden jede Form von Gewaltverzicht.

Nimm die Finger vom Abzug!
(Math. 26, 47 – 56 / Joh. 18, 1 ff)

Eben noch hat Jesus mit seinen Freunden beisammen gesessen und hat ein Abendmahl mit ihnen gefeiert. Jetzt sind alle, die dabei waren, in den Garten Gethsemane gegangen. Es ist ein stiller Abend, den Jesus zum Beten nutzt. Seine Freunde sind schläfrig und dösen vor sich hin. Eigentlich will Jesus gemeinsam mit den Freunden beten, aber die winken müde ab.
Zunächst von weitem und dann näherkommend wird die Ruhe im Garten gestört. Der Hohepriester und Soldaten kommen herbei. Unter ihnen ist auch einer der Freunde Jesu. Sein Name ist Judas. Diese Gruppe kommt in den Garten, um Jesus festzunehmen.
„Wie sollen wir denn wissen, wer dieser Jesus ist", hatte der Hauptmann der Soldaten gefragt. „Wir kennen ihn ja nicht und es wird gesagt, dass immer viele Freunde bei ihm sind."
„Derjenige, den ich freundschaftlich umarme und dem ich einen

Kuss auf die Stirn gebe, ist Jesus", hatte Judas angeboten. So wird es nun gemacht.
Judas geht auf Jesus zu, umarmt, küsst und begrüßt ihn: „Guten Abend, Jesus."
Die Soldaten zücken ihre Schwerter und der Hauptmann liest den Haftbefehl: „Jesus aus Nazareth, du bist verhaftet!"
„Ich dachte, wir wären Freunde", sagt Jesus zu Judas. „Da habe ich mich wohl geirrt."

Als ein Soldat Jesus die Handschellen anlegen will, zieht einer der Freunde Jesu sein eigenes Schwert und droht: „Traut euch nur, Jesus festzunehmen. Wir kämpfen für ihn!" Einen der Knechte des Hohepriesters verletzt er sogar am Ohr. Dieser Knecht, Malchus heißt er, jault auf und die Situation scheint zu eskalieren. Da tritt Jesus dazwischen. Noch sind seine Hände

nicht gefesselt. Erst heilt er die blutende Wunde am Kopf des Malchus. Dann hebt er beschwichtigend beide Arme: „Steck dein Schwert wieder zurück in die Schutzhülle!", befiehlt Jesus. „Wer Gewalt sät, wird Gewalt ernten, und letztlich tötet der Gebrauch jeder Waffe immer auch die Falschen."
„Du willst dich einfach so festnehmen lassen?", fragt der Freund.
„Ja", antwortet Jesus. „Wenn es nicht so wäre, wäre es für mich leicht, meinen Vater im Himmel, unseren Gott, darum zu bitten, mich mit seinen gut bewaffneten Engeln hier rauszuhauen."
Dann wendet sich Jesus an die Gruppe jener, die zu den Hohepriestern und zu den Soldaten gehören und sagt: „Ich sehe Schwerter und Lanzen, mit denen ihr gut bewaffnet gekommen seid, um mich mit Gewalt festzunehmen. Ich merke, dass ihr meine Predigten nicht gehört habt. Es geht nicht um Gewalt, sondern um Liebe. Ich wehre mich nicht!"
„Sollen wir den Rest auch noch festnehmen?", fragen die Soldaten. Da nehmen die Freunde die Beine in die Hand und fliehen aus dem Garten Gethsemane.

Liest man die Bibel mit der Brille jener, die danach suchen, Geschichten und Episoden zu den Themen *Frieden, Gerechtigkeit, Bewahrung der Schöpfung* und *Heil* zu finden, wird sich niemand auf Jesus berufen können, der der Gewalt gegen Gottes Geschöpfe oder die Schöpfung – aus welchen Gründen auch immer – das Wort redet. Selbst die mächtigen und von Gewalt geprägten Geschichten des Alten Testaments verlieren, mit der Brille jesuanischer Ethik gelesen, ihr Recht des biblischen Heldenepos.

Sie stehen aufgeschrieben da, um von Gottes großen Taten für seine Leute zu berichten, und sie verlieren vor dem Blick auf den epischen Kampf der Guten gegen die Bösen nichts an ihrer Aktualität, die besagt, dass Gott auf der Seite seiner Leute steht.

Natürlich sind die Menschen des Volkes Israel in den Geschichten des Ersten Testaments die Guten, die es zu beschützen und zu stärken gilt. Aber der Begriff der Feinde verliert in der Verkündigung Jesu seine andere Menschen und Völker diffamierende Relevanz. Die Botschaft der Engel, die in der Weihnacht singen: „Nun soll es werden Frieden auf Erden …“ bezieht sich auf das Ende der Kriege. Dieser Traum von der Abwesenheit von Krieg und Feind findet sich selbstverständlich auch im Alten Testament, das nicht richtig oder gerecht beurteilt wird, wenn hier vor allem das Kriegsgeschehen zwischen dem Volk Gottes und den benachbarten Völkern betont wird. Die Predigt Jesu ändert die Sichtweise auf jedes Kriegsgeschehen grundsätzlich. Es ist dem Sprachgebrauch in der Nachfolge Jesu nicht länger erlaubt, den Namen Gottes als Waffe gegen irdische Widersacher oder Feinde zu nutzen.

Das wesentliche Ziel der Verkündigung Jesu ist es, den Wunsch nach Frieden, Gerechtigkeit und Heil zwischen Gott und den Menschen stark zu machen, und es ist sicher nicht falsch, wenn sich dieser Wunsch nach Frieden auch auf die Bewahrung der Schöpfung bezieht.

Jesus, als der, der den Blumen auf den Feldern bescheinigt, dass sie schöner sind als die Kleider König Salomos in all seiner Pracht, meinte damit sicher auch die nahezu ausgerotteten Mohn- und Kornblumen in den Feldern. Jesus, der den Wert der Sperlinge unter dem Himmel in der Währung der Liebe Gottes zu ihnen beziffert und der die Lilien auf dem Felde zum Gleichnis göttlicher Schöpfermacht erhob, meinte sicher auch, dass das Spiel der Mücken und das Summen der Bienen zu den Lebensäußerungen der Natur gehört, die unbedingt zu schützen bzw. zu bewahren sind.

Unter der ökologieideologischen Kritik, dass der Mensch sich zu selbstverständlich in Alleinvertretung vor dem Angesicht Gottes sieht, wandelt sich sogar die Rede vom „guten Hirten“. Das „Der Herr ist mein Hirte, mir wird nichts mangeln …“ wird dann nicht allein auf das Ich der menschlichen Psalmbeter*in bezogen, sondern auch auf die gesamte sprachlose Schöpfung.

Aus dem Vertrauensgebet eines Menschen „Der Herr ist mein Hirte“ wird dann ein grundsätzlicher Satz, den die ganze Schöpfung sprechen kann. Die Rede ist von einem Gott, der als Hirte Mensch und Tier und alles Lebendige „auf grünen Auen weidet“.

Aus dem basisjüdischen und dann in den christlichen Kirchen beheimateten Lernstoff des 23. Psalms wird der Hoffnungspsalm der Geschöpfe, die unter der herrschenden Arroganz des Menschen leiden.

Das Lied der Biene und des Eisbären

(Psalm 23 – aber anders)

Gott ist der große Hüter
Reichlich für alles und alle ist, was er gibt
Grüne Wiesen und Täler,
eisige Flächen und dampfende Wälder,
blauer Himmel und klare Luft,
lebendiges Wasser und sprudelnde Quellen tragen seinen Namen
Gott gab allem und allen eine Seele
Sein Name durchzieht die Höhe und Weite der Welt
Bedroht von Dunkelmacht
Rettet Gottes Helligkeit
Gott ist der große Hüter
Sein Hirtenstab ist blühendes Leben
Reichlich für alles und alle ist, was Gott gibt
Freund ist das neue Wort für Feind

Über-Leben das neue Wort für Aussterben
Gott gab mir Würde und Wichtigkeit
Er lässt nichts und niemanden ins Leere leben oder sterben
Mein Überleben ist gesichert
Gott bleibt der große Hüter
Für mich und immer

Jesus ist derjenige, der den Menschen, denen er begegnet, sowohl ein aufmunterndes „Fürchtet euch nicht" als auch ein beruhigendes „Friede sei mit euch" als Alltagsgruß beibringt. Jesus bleibt auch in Zeiten, in denen die Geschichten, die um ihn und sein Leben herum erzählt werden, immer unbekannter werden. Er, von dem erzählt wird und erzählt werden muss, dass er sich den Geschundenen und Elenden zuwendet, um Heil oder Heilung ins Leben zu bringen. Zu den Geschundenen und Elenden gehören natürlich die Lahmen, Blinden und Stummen aus den Geschichten der Evangelisten, aber – gelesen mit der Brille der Ökologie – eben auch die vom Menschen domestizierten oder auf andere Weise niedergehaltenen Tiere und Pflanzen.

Man darf gewiss sein, dass der, der einer mittlerweile uralten Tradition entsprechend zwischen Ochs und Esel geboren wurde, die bereit waren, einen Stall mit ihm und seinen Eltern zu teilen, sich auch mit den Millionen von tierquälerisch gehaltenen Tieren in unserer Zeit solidarisieren würde. Dabei ist es eine Tatsache, dass Ochs und Esel aus dem christlichen Krippenszenario nicht im neutestamentlichen Zusammenhang erwähnt werden, sondern aus der frommen Tradition des Alten Testaments kommen. Spannend an dieser Tradition des alten Bundes ist die Tatsache, dass Tiere zu Vorbildern für die Menschen werden können, wenn es um das Verhältnis zu Gott geht. Der Prophet Jesaja lobt in seinem ersten Kapitel die Tiere: „Es kennt der Ochse seinen Herrn und ein Esel die Krippe seines Herrn" (Jesaja 1,3) und der Prophet Jeremia betont das gute Verhältnis der Tiere zu Gott und schreibt: „Der Storch unter dem Himmel weiß seine Zeit, Turteltaube, Kranich und Schwalbe halten die Zeit ein, in der sie wiederkommen sollen; aber mein Volk will das Recht des Herrn nicht wissen.“ (Jeremia 8,7)

Zwischenruf: Gottes grüne Zeitenwende

Die alten jüdischen Hoffnungen auf eine friedlichere, eine gerechtere und eine Welt auf wirklich „grünem Zweig“ gelingenden Lebens, die sich in den Texten des Alten Bundes finden, bekamen für die erste Christenheit ihre konkrete Gestalt in Jesus. Die Christenheit erkennt ihn als Gottes Beauftragten an, der die Welt wieder zur Ordnung Gottes zu bringen vermag. Der Hoheitstitel, mit dem dieser Beauftragte bezeichnet wird, lautet in der religiösen Tradition des Ersten Testaments „Messias“. Später wird daraus der Christus-Titel, mit dem Jesus bezeichnet wird.

In der Figur des Messias oder des Christus werden die Grundbegriffe des „konziliaren Prozesses“ Mensch.

Er steht für einen Friedensbegriff, den die ökologische Bewegung als Ziel ihrer Demonstrationen und Aktionen begreifen kann. Dabei geht es um nichts weniger als den Frieden zwischen Mensch und Mensch, zwischen Mensch und Tier und zwischen Mensch und Umwelt. Dieser Friedensbegriff wird mit dem hebräischen Wort „Schalom“ umfasst. Im Buch des Propheten Jesaja heißt es: „… und des Friedens wird kein Ende sein.“

Der Messias steht auch für die Wiederherstellung einer gerechten Welt. Zu den Erkenntnissen der ökologischen Bewegung gehört an prominenter Stelle die Feststellung, dass die Welt, so wie sie ist, von Ungerechtigkeit geprägt wird. Diese Ungerechtigkeit findet sich im ungleichen Gegenüber von der bitteren Armut der Vielen und dem unanständigen Reichtum der Wenigen ebenso wie in der skrupellosen Ausbeutung natürlicher Ressourcen, ohne die Nachhaltigkeit zu beachten. Ungerecht wird auch das Verhalten der Menschen den Tieren gegenüber gesehen. Vom Messias hingegen heißt es „Gerechtigkeit ist der Gurt seiner Lenden". (Jesaja 11,5)

Auch die „Bewahrung der Schöpfung" gehört zu den bestimmenden Eigenschaften des Messias, den die Schriften des Alten Bundes erwarten. Das Motiv des Bewahrers findet sich eindrücklich beim Propheten Hesekiel. Das von ihm benutzte Hirtenbild für die Bewahrung der Schöpfung wird sich in der Verkündigung Jesu wiederfinden.

Kündigung wegen Untreue
(Hesekiel 34)

> *Ich, Hesekiel, habe das Wort Gottes gehört, in dem ich aufgefordert werde, gegen jene deutlichen Widerspruch einzulegen, die die Welt als Selbstbedienungsladen ansehen, dessen Regale geplündert und geräubert werden können. So spricht Gott der Herr:* **„Wehe denen, die es vergessen haben, dass die Welt bewahrt werden muss und die sich einen Bauch auf Kosten der Schwachen anfressen.** *Das Schwache bewahrt ihr nicht vor'm Niedergang, die kranken Verhältnisse wollt ihr nicht heilen, das Geschundene bleibt unverbunden, die erkannten Irrtümer der Zeit bringen euch nicht zurück*

zur Vernunft, das über der Zeit Verlorene versucht ihr nicht wiederzubringen, und wenn euch jemand Starkes kritisiert, bringt ihr ihn mit Gewalt zum Schweigen.
Ich, Gott, habe euch zu Bewahrern gemacht. Zu Hirten über die Herde der Geschöpfe in der Welt. Ihr wurdet zu Zerstörern. Ich nehme euch eure bewahrende Aufgabe, die ihr euch frech zum Eigennutz angeeignet habt.
Als Hirten, die ich wollte, taugt ihr nicht!
Es ist Schluss mit eurer Selbstbedienungsmentalität. Schlechte Hirten ersetze ich durch einen guten Hirten. Ich werde retten. Das Verlorene soll gesucht werden, die an der Welt, wie sie ist, irre werden, will ich trösten. Verwundetes und Schwaches werde ich stärken. Die Starken will ich in ihrem Widerstand stärken.“

Wörtlich heißt es beim Propheten Hesekiel: „Ich will das Verwundete verbinden …“. So wird dem Messias auch die Heilung der geschundenen Welt zugetraut.

Die Zuschreibungen des Messias gelten im Alten Bund in der theologischen Theorie zwar universell, wurden aber in der Praxis des Glaubens immer wieder auf den Raum des Volkes Gottes begrenzt. Für das Neue Testament gilt radikal die von Anfang an mitgedachte Universalität der messianischen Verheißungen. Das heißt: Der Christus Gottes hat die ganze Welt im Blick. Diese Hoffnung findet sich vor allem in der Theologie des Apostels Paulus, auf die an anderer Stelle noch eingegangen wird. Wie die ökologische Bewegung, lässt sich christlicher Glaube, der die Bibel auf Nachhaltigkeit liest, nicht auf Nationalitäten oder Nationen begrenzen.

Die Evangelisten Matthäus, Markus, Lukas und Johannes erzählen unter dem Eindruck des Lebens Jesu von ihm als dem Erfüller der alten Verheißungen einer neuen Welt, in der Gott das Sagen hat. Einer

Welt, in der *Frieden, Gerechtigkeit, Bewahrung der Schöpfung* und *Heil* an ihr Ziel kommen werden.

Aus allen vier Erzählungen der Evangelisten lässt sich zwar keine Biografie Jesu im streng historischen Sinne erzählen. Es entsteht allerdings das Bild eines Jesus, der genau die Kriterien erfüllt, die zu einem ökologisch nachhaltigen Leben gehören könnten. Es entsteht das Bild des großen Hoffnungsträgers der Menschen aus dem Alten Bund, das Bild des Messias.

Jesus, eine Biografie voller Erwartungen

Gottgleich ist die Macht des Kaisers in Rom. Augustus ist sein Name. Die Militärmacht Roms hat sich nahezu die ganze bekannte Welt unterworfen und im Land herrscht ein Frieden, der nur mit den Waffen Roms gesichert werden kann. Der sogenannte „römische Friede" ist ein Diktat aus Rom, das allen, die sich gegen die Unterdrückung Roms oder die Besatzung des Landes mit römischen Soldaten wehren wollen, den „Krieg" erklärt. Es ist ein „kriegerischer Friede" im Land, als der Kaiser in Galiläa und Judäa eine Volkszählung beauftragt, um die Steuerlisten auf Vordermann zu bringen.

Unter dem Diktat dieser Volkszählung begeben sich Maria und Josef aus Nazareth auf ihren Weg nach Bethlehem, wo Josef geboren wurde. Bethlehem ist das Dorf, in dem etwa 900 Jahre vorher auch jener legendäre König eines unabhängigen Israels zur Welt kam, der der Nachwelt als König David bekannt blieb. Dieses Dorf trägt eine Verheißung, die von der „grünen Hoffnung" und den „grünen Schriften" im Volk getragen wird, dass sich sowohl die allgemein erlebbaren Krisen der Zeit, als auch die aktuelle Unterdrückung durch die römische Besatzung durch machtvolles Eingreifen Gottes zu tatsächlichem Frieden und zu neuer Gerechtigkeit verändern werden.

Nie wieder Krieg
(Micha 4, 1 – 5; 5,1)

Es kommt eine Zeit, in der die Menschen erkennen werden, dass sie auf Kosten des Lebens Vieler leben. Dann wird jemand kommen und wird einen neuen Wegweiser für das Zusammenleben in der Welt aufstellen. Die Menschen werden diesem Wegweiser folgen. Dann werden die Schwerter zu Pflugscharen und die Lanzen werden in Sensen umgeschmiedet. „Nie wieder Krieg!" wird auf allen Straßen und Plätzen mit riesigen Lettern geschrieben, zu lesen sein. „Nie wieder Krieg!" werden die Menschen rufen.
Friedlich werden alle ihrem Tagewerk nachgehen.
Und das wird geschehen, wenn Bethlehem ins Zentrum der Aufmerksamkeit gerät. Denn du, Bethlehem, bist zwar klein unter den Städten in Juda, aber aus dir soll der kommen, der ein Leben in der Sicherheit des Gleichgewichts zwischen Gott und Mensch bringt.

Maria ist hochschwanger, als sie gemeinsam mit Josef nach Bethlehem reist, und sie bekommt tatsächlich in Bethlehem ihr Kind. Der Name des Jungen ist Programm. Jesus, das heißt *Gott hilft* (der geschundenen Welt).

Josef, der als Vater in die Urkunden des römischen Reiches eingetragen wird, ist ein Nachfahre des berühmten Königs David in ungezählter Generation. In seinem Familienstammbaum taucht der Name Isais auf, manche nennen ihn Jesse. Isai war Davids Vater. So trägt auch Josef eine Verheißung, die das Leben Jesu betrifft.

Grüner Zweig
(Jesaja 11)

> *Aus der Familie Isais, der schon der Vater vom großen König David war, wird eines Tages, den Gott bestimmt, jemand geboren, der den Armen in der Welt Gerechtigkeit zukommen lässt.*
> *Am Stammbaum Isais wird ein grüner Zweig wachsen. Ein Nachfahre aus dem Hause Davids, der diejenigen bannt, die mit Gewalt Gottes Schöpfung knechten. Die Suche nach Gerechtigkeit beseelt sein ganzes Leben. Befreiung ist sein Programm.*

Nachdem Jesus in den provisorischen Verhältnissen einer Geburt in einem Schutzraum[2] mitten in den Feldern vor Bethlehem zur Welt kommt, erfahren Hirtinnen und Hirten auf wunderbare Weise von der Geburt. Die Volkszählung hatte dazu geführt hatte, dass alle Herbergen besetzt waren. Von Engeln wird ihnen, beschienen vom Licht eines Schweifsterns über den Feldern Bethlehems, vom Frieden für die Welt in Worten gesungen. Sie erinnern die Hirtinnen und Hirten an Worte ihres Glaubens.

2 Traditionell ist es ein Stall, aber es gibt auch die Tradition der Geburtshöhle bzw. -grotte

Mehr Licht …
(Jesaja 9)

Alle Leute, die sich um die Zukunft sorgen, die für sie im Dunkel der Unberechenbarkeit liegt, können jetzt auf ein großes Licht schauen, das die Zukunft in hellen Farben malt. Das, was bis heute an Sorgen und Nöten bedrückt, wird gelöst, und da, wo man sich von diversen Ängsten getrieben fühlt, wird Ruhe einkehren. Denn uns ist ein Kind geboren. Es ist ein Junge, und er trägt die Verheißung der Herrschaft über die Welt in seinem Leben. Ihm werden Namen gegeben: Wunder-Rat, Gott-Held, Ewig-Vater oder Friede-Fürst. **Friede ist das Zeichen seiner Herrschaft.**

Die Hirtinnen und Hirten machen sich auf das Wort der Engel hin tatsächlich auf, um das neugeborene Kind zu suchen, zu bejubeln und anzubeten.

An der Krippe treffen sich rund um das neugeborene Jesuskind nicht allein die Hirtinnen und Hirten, sondern auch Menschen aus dem Teil der Welt, der einfach „weit weg“ liegt. Reich und arm stehen einträchtig nebeneinander.

Schon bald nach der Geburt wird das Leben Jesu vom König der Juden, König Herodes, bedroht. Gemeinsam mit dem Kind fliehen die Eltern nach Ägypten. Lange hört man dann nichts, bis Jesus von *Johannes dem Täufer* getauft wird und er in Galiläa und Judäa zu wirken beginnt. Eine Auseinandersetzung mit dem Teufel steht dabei an, in der Jesus es verweigert, sich von der ihm vom Satan angebotenen Macht korrumpieren zu lassen.

Zum Teufel mit dem Teufel

(Matthäus 3)

Jesus ist sich nicht sicher, wie sein Weg sein wird. Er spürt den deutlichen Auftrag Gottes, in seinem Namen die Welt zu verändern. Bei der Taufe hatte Gott zu ihm gesagt: „Denke immer daran: Du bist mein geliebtes Kind." Jesus will sich und seinen Auftrag in der Einsamkeit der Wüste finden. Da, wo kein Mensch ihn von der Frage ablenken wird: „Was will Gott, mein Vater, von mir?"
Vierzig Tage bleibt er in der Wüste, und tatsächlich hat er mit Visionen zu kämpfen. Hunger treibt Jesus um. Der Magen knurrt. Da kommt der Teufel zu ihm: „Du wirst doch als Kind Gottes auftreten. Du wirst von dir sagen lassen: Jesus ist Gottes Sohn! Da dürfte es doch eine Kleinigkeit sein, aus den hier herumliegenden Steinen Brot zu machen".
Jesus antwortet: „Ja, ich habe Hunger, aber dieses bohrende Gefühl zu wissen, wie es ist, wenn man hungert, ist für jemanden, der der Welt predigen will, gar nicht schlecht. Dann bekommt man nämlich Lust, etwas gegen den Hunger in der Welt zu tun. Und im übrigen steht es schon in der Bibel: Ein Mensch lebt nicht vom Brot allein."
„Sondern …?!", fragt der Teufel.
Jesus antwortet: „Sondern auch davon, dass man Gott vertraut."
„Okay", sagt der Teufel. „Schau dir das mal an!" Dann zeigt er Jesus die ganze Welt mit all ihrem Reichtum und sagt: „Ich mache dir die Welt untertan, und du sollst über sie herrschen. Nimm dir alles, bedien dich ohne Skrupel. Du sollst der König der Welt sein, wenn du mich an die Stelle Gottes setzt. Mein

Name ist Mammon! Ruf es aus: ‚Ich diene dem Mammon!‘ Jesus flüstert fest: „Was für ein unsinniges Angebot! Es heißt in den Geboten: ‚Du sollst keinen anderen Gott anbeten als Gott, den Herrn!‘“

„Noch gebe ich nicht auf“, nimmt sich der Teufel vor und lässt Jesus auf einen hohen Turm steigen und sagt: „Noch kann ich es nicht glauben, dass du Gottes Sohn bist, und wahrscheinlich glaubst du es selbst nicht. Aber es gibt die Möglichkeit, es zu beweisen: Spring von diesem Turm. Mach, was du willst in und mit der Welt. Es kann dir ja nichts passieren, weil Gott seinen Engeln befohlen hat, dich zu behüten, selbst wenn du die ganze Welt in eine Steinwüste verwandelst. Spring – und lass dich von den Engeln retten!“

Da reicht es Jesus, und mit dem Verweis darauf, dass Gottes Macht sich nicht zum missbräuchlichen Ausprobieren eignet, schickt er den Teufel zum Teufel.

Predigend, heilend und eine neue Gerechtigkeit verkündigend, zieht Jesus durchs Land. Dabei stehen die besonders im Fokus seiner Aufmerksamkeit, die zu den Verlierer*innen im Rahmen der allgemein geltenden gesellschaftlichen Konventionen gehören.

Die Schere zwischen der bürgerlichen Mitte und Elite und denen, die am Rande der Gesellschaft in prekären oder unkonventionellen Umständen leben, ist im Umfeld der Heimat Jesu weit auseinandergeklafft. Jesus nimmt diese Wunde in der Gesellschaft wahr und macht es sich zu einer seiner Verkündigungsaufgaben, um Gottes Willen die Menschen wieder zusammenzubringen. Er versteht seine Aufgabe, die ihm von Gott gegeben wurde, als eine Heilungsaufgabe.

Als Jesus von Johannes dem Täufer aus dem Gefängnis gefragt wird, ob er der Messias oder der Christus Gottes sei, bestätigt Jesus ihm das indirekt.

Grüße ins Gefängnis
(Matthäus 11, 1 – 6)

Johannes der Täufer *hat sich nun doch so sehr mit seiner Kritik an König Herodes den Mund verbrannt, dass er ins Gefängnis gekommen ist. Johannes hatte den König heftig kritisiert, weil der die Frau seines Bruders, Herodias, geheiratet hatte. Als nun der Täufer im Gefängnis sitzt und von den Auftritten Jesu hört, schickt er Freunde los.*

„Fragt Jesus, ob er im Auftrag Gottes durch das Land zieht und ob er eventuell der Messias ist? Es hört sich alles so an, als ob sich in seiner Person unsere alten Verheißungen und unsere großen Erwartungen auf eine Zukunft auf dem grünen Zweig gelingenden Lebens erfüllen.“

Da gehen die Freunde los, und bei der nächsten Gelegenheit, die sich ihnen bietet, treten sie an Jesus heran.

„Jesus, unser Lehrer Johannes, den man auch den Täufer nennt, hat uns geschickt. Er lässt dich fragen, ob du der Beauftragte Gottes bist, auf den unser Volk schon so lange wartet?“

Jesus lächelt. „Grüßt Johannes von mir. Ich denke an ihn in seinem Gefängnis.“ Nach einer kleinen Pause sagt er: „Erzählt Johannes davon, was sich hier tut. Erzählt ihm, was ich predige und wie ich an den Menschen handele. Erzählt, dass Blinde, Lahme und Aussätzige geheilt werden. Erzählt, dass Taube wieder hören können. Erzählt, dass ich ein Leben predige, das mit dem Tod nicht aus ist. Erzählt, dass es Hoffnung für die ganze Welt gibt. Mein Evangelium, das ich predige, weist Wege aus den Sackgassen der Armut der Armen und der Dummheit der Reichen. Und wenn ihr das alles dem Johannes erzählt,

dann wird er sich seine Frage selbst beantworten können."
Diese Antwort überbringen die Freunde beim nächsten Besuch bei Johannes im Gefängnis.

Durch die Gesellschaft, in der Jesus lebt, geht ein Riss, eine Spaltung. Die Schere zwischen denen auf der guten Seite und denen auf der armen Seite des alltäglichen Lebens weitet sich zusehends. Es sind drei gesellschaftliche Gruppen, die das Land prägen.

Auf der einen Seite stehen die wohlanständigen und treuen Frommen, die sich der religiösen Normalität und deren Riten stellen. Auf der anderen Seite stehen die, deren Leben in den Augen der frommen Bourgeoise zumindest defizitär oder sogar verabscheuungswürdig ist, und auf der dritten Seite stehen die Soldaten und Beamten der römischen Besatzer.

Durch viele der Begegnungen Jesu mit den Menschen, zieht sich der rote Faden eines von ihm formulierten ökologischen Gedankens: „Was hilft es dem Menschen, wenn er die ganze Welt unter wirtschaftlichen Gesichtspunkten sieht, sie benutzt und ausnutzt und dabei dann der Welt die Bestimmung nimmt, ein freundlicher Ort zu sein, an dem es allen gut geht."

Jesus begegnet als Heiler, der an einzelnen Menschen das große Heilswerk Gottes beispielhaft zeigt. Dabei wendet er sich vor allem jenen zu, die vom alltäglichen Leben überfordert sind: Arbeitslosen, Kranken, Stigmatisierten, Fremden. Seine Zuwendung gilt auch den verhassten römischen Besatzern, wo die das zulassen. Leid hat für Jesus keine Nationalität.

Ein heiliger Lernprozess
(Markus 7)

Jesus ist im Grenzort Tyrus. Eigentlich ist es nur ein Besuch bei Freunden. Es soll möglichst nicht bekannt werden, dass er hier ist, und doch spricht es sich herum. Eine unbedachte Äußerung der Gastgeberin auf dem Markt ist vielleicht schuld.
„Gib mir von den besten Früchten", hat sie unter Umständen zu der Händlerin gesagt. „Jesus aus Nazareth kommt uns besuchen."
Natürlich hat die Händlerin auch schon von Jesus gehört. Sein Ruf verbreitet sich bis an die Grenzen Israels und auch ein bisschen darüber hinaus.
Plötzlich steht eine Fremde an der Haustür. Eine Frau aus Griechenland, wohnt jetzt hier in Syrophönizien. „Ich muss Jesus sprechen …!"
„Das ist ein Privatbesuch", will die Gastgeberin die fremde Frau abwimmeln.
„Ich muss ihn sprechen …!"
„Worum geht es denn?", fragt Jesus, der die Szene an der Haustür mitbekommen hat.
„Meine Tochter ist schwer krank", sagt die Frau ganz aufgeregt. „Es ist, als ob sie gar nicht sie selbst ist. Ich sorge mich sehr und bitte dich, heile sie. Ich habe gehört, dass du das kannst."
Jesus sagt zögerlich: „Ich bin nur beauftragt, in den Grenzen Galiläas und Judäas an den Menschen, die zum alten Volk Gottes gehören, die Herrlichkeit der heilen Welt Gottes zu zeigen. Tut mir leid, aber das wäre so, als würde ich Hunden Brot hinwerfen, das eigentlich die Kinder essen sollten."

Die Fremde zuckt bei dieser harten Rede, aber dann erwidert sie: „Okay! Das verstehe ich, aber wenn Kinder am Tisch ihr Brot essen, fällt auch immer etwas herunter und das können die Hunde dann fressen."
Jesus bleibt still und denkt nach. Dann lächelt er. „Da hast du mir jetzt aber eine gute Lektion erteilt. Natürlich hast du Recht. Es war nicht richtig von mir, dir so zu antworten. Natürlich hast du ein Anrecht darauf, dass ich mich im Namen Gottes auch dir und deiner Tochter zuwende. Geh hin, deine Tochter soll gesund werden."

Immer wieder gerät der umherziehende Jesus auch in Konfrontationen mit der religiösen Elite des Landes, die in der Bibel des Neuen Testaments pauschal als „Schriftgelehrte und Pharisäer" bezeichnet werden. Viele aus der Gruppe dieser Menschen gehören zu den Gegnern der Verkündigung Jesu. Für sie ist Gott das autoritäre, zeitlose und an die eigenen Traditionen gebundene höhere Wesen, das die Geschicke des Volkes Israel nicht erst seit dem Auszug aus Ägypten bestimmt, sondern schon von Ewigkeit her unwandelbar dasselbe blieb.

Dass Jesus ein natürliches Kindschaftsverhältnis mit diesem „über den Wolken und über der Zeit" thronenden Gott behauptet, erregt das fromme Selbst jener Gruppen. Für sie ist Gott der ewig Heilige und im Grunde Unaussprechbare.

Den Unmut dieser „traditionell Frommen" erregt auch, dass Jesus sich mit denen mit großer Sebstverständlichkeit abgibt, die ihrer Einschätzung nach in Ferne zu Gott leben. Die Bibel nennt diese Gruppe immer wieder „Zöllner, Sünder und Huren".

Für die zeitgenössische Frage danach, wie sich und ob sich die Menschheit der kommenden ökologischen Katastrophe entgegenstellen kann, ist es von Gewicht, zu hören, dass Jesus von der grundsätzlichen Umkehrmöglichkeit von allen falschen Wegen nicht nur überzeugt ist, sondern auch andere Menschen, die ihm begegnen, überzeugen kann.

Leben auf grünem Zweig
(Lukas 19)

Zachäus hat von Rom eine Zollstation gepachtet. Das ist neben der Pacht, die er zu zahlen hat, die „Lizenz zum Geldverdienen". Der Zoll für die Waren ist zwar von den Römern festgelegt, aber als Zöllner kann man so viel draufschlagen, wie man will. Die Leute mögen die Zöllner schon aus diesem Grund nicht. „Halunken!", nennen sie sie. Ein weiterer Grund für die gesellschaftliche Ächtung der Zöllner ist ihre Arbeit für die Römer, die das Land besetzt haben. „Kollaborateure!", schimpfen die Leute.
Zachäus ist reich, aber nicht glücklich.
Von Jesus hat er schon so manches gehört. „Jesus sagt, dass Reichtum die Gefahr in sich birgt, trotz des vielen Geldes nicht zufrieden zu sein", sagt die Schwester des Zachäus, die den wachsenden Bauch des Bruders und das immer unzufriedenere Gesicht wahrnimmt. „Jesus sagt: Sammelt lieber die Liebe Gottes und eine erfreuliche Zukunft, als viel Geld und Schaden an eurer Umwelt."
Zachäus beschließt, Jesus selbst mal zu sehen. Nur sehen!
Heute kommt Jesus nach Jericho. Da überlässt Zachäus die Zollstation seinen Angestellten und will sich zu den anderen an die Straße stellen, die erwartungsvoll da stehen.

Es bleibt ihm nur die dritte Reihe, und von da aus kann er nichts sehen. „Lasst ihr mich vor?“, fragt Zachäus und erntet Lachen.
„Kauf dir eine Leiter!“, sagt einer.
„Stell dich doch auf einen deiner Geldsäcke!“, sagt ein anderer.
Niemand lässt Zachäus vor.
Okay, denkt sich der kleine, dicke Zöllner, dann klettere ich eben auf einen Baum.

Das ist eine gute Idee. Von hier aus kann Zachäus bestens sehen. Die Leute stehen zusammen, lachen, schwätzen, machen Witze, warten gemeinsam. Zachäus auf seinem Baum ist einsam.
Die Leute winken Jesus zu. „Hier bin ich, Jesus!“, rufen sie. Und Jesus sieht sie auch. Dann aber sieht Jesus Zachäus. Das Entsetzen ist den Leuten ins Gesicht geschrieben, als Jesus den

Halunken, den Kollaborateur, den Römerknecht, den Sünder vom Baum ruft und ausgerechnet mit ihm zu tun haben will. Jesus verliert sofort die Sympathie der Menge.
„Das hätte er besser nicht getan!", sagen die Leute. „Mit diesem Zöllner lässt er sich ein, und man hat ja auch schon öfter gehört, dass er sich sowieso gern in schlechter Gesellschaft zeigt."
Eben haben die Leute noch gejubelt, jetzt zeigen sie Jesus den Vogel.
Zachäus allerdings weiß genau, was geschehen ist. Er kann nicht einfach seinen Beruf aufgeben, aber er kann ein ehrlicher Mensch werden.
„Ich werde viele Dinge in meinem Leben ändern", verspricht er Jesus.

Wandlung kommt abrupt!

Jesus lehrt ein anderes Gottesbild und Gottesverhältnis, als es die fromme schriftgelehrte Tradition in einer starren Gesetzlichkeit behauptet. Für die Frommen der Zeit Jesu gibt es die Guten und die Sünder*innen. Gott steht für sie auf der Seite der Guten und die Sünder*innen hat er ihrer Meinung nach abgeschrieben.

Für Jesus gibt es keine ausgemachten Halunken oder Kollaborateure mit den Mächtigen, die die Kleinen knechten oder die Grundsätze der Ehrlichkeit verbiegen. Das führt immer wieder zu Konflikten mit den Wohlanständigen seiner Zeit. In der Verkündigung Jesu ist Gott derjenige, der auch die sucht, die die Dinge des Lebens falsch anpacken. Gott ist der, der alles und jeden zur Veränderung bringen kann. So bietet Jesus immer den Weg der Umkehr an.

So wie sich dieses Motto „Umkehr ist möglich“ durch die Predigt und die Taten Jesu zieht, so kann dieses Motto auch auf die ökologische Krise übertragen werden. Umkehr ist eine Möglichkeit.

Immer wieder kommt es mit Jesus sehr leicht zum Streit zwischen den Wohlanständigen und den Pharisäern und Schriftgelehrten. Ein wiederkehrendes Thema ist die Sabbatruhe. Während die Gruppe der frommen Traditionalist*innen dem Sabbat als Gottes heiligem und geheiligten Ruhetag mit strengster Sabbatruhe begegnen, zu der es gehört, dass keinerlei Arbeit oder mühsame Verrichtung getan wird, stellt Jesus den Sabbat unter die Nächstenliebe. Arbeit, um der Liebe zum Nächsten willen, ist für Jesus ein natürliches Gebot, das das Gebot der Sabbatruhe aufhebt.

Spontane Liebe ist immer erlaubt
(Lukas 14, 1 – 6)

> *Eines Tages ist Jesus in das Haus eines Vorstehers der Pharisäer eingeladen. Die Stimmung ist ohnehin nicht die beste, denn allen, die da sind, ist klar, dass Jesus und der Gastgeber ein ziemlich unterschiedliches Gottesbild haben. Religion ist aber immer Thema bei allen Zusammenkünften im Haus des Vorstehers.*
> *Es ist Sabbat. Alles, was vorbereitet ist, ist schon gestern bereitet worden. Heute ist vor allem fromme Ruhe angesagt.*
> *Da bekommt einer der Gäste einen Herzanfall. Schon früher war ihm das passiert. Die Ärzte hatten gewarnt: „Du musst mit diesem Risiko leben.“*
> *Jesus, der schon oft mit den Pharisäern und Schriftgelehrten aneinandergeraten war, weil er am Sabbat Menschen*

geheilt hatte, fragt in die Runde der im Haus des Vorstehers versammelten Menschen: „Wäre es eine Störung der heiligen Sabbatruhe, wenn ich diesen Mann heile?“
Die Anwesenden, auch der Vorsteher, sind kleinlaut. Sie finden das eine schwierige Frage. Sabbat ist Sabbat und Verbot ist Verbot!
„Stellt euch vor, dass an einem Sabbat die Welt gerettet werden kann“, sagt Jesus. „Stellt euch vor, dass ausgerechnet am Sabbat ein Esel oder ein Ochse in den Brunnen fällt. Ist es dann nicht jede Mühe und Arbeit wert, die armen Tiere wieder rauszuziehen?“

Dann heilt er den schwer stöhnenden Mann.
Später sagt Jesus zu seinen Freunden: „Ich schere mich nicht um den Sabbat, wenn es darum geht, zu retten, zu heilen, Gutes zu tun. Vergesst es nie: Alle Gebote, auch das Ruhetagsgebot, sind um der Menschen willen da. Sie sollen Besserung in einer kaputten Welt bedeuten. Die Gebote, auch das Sabbatgebot, stehen nicht über dem, was Menschen gut tut.“

Neben den Gegnern Jesu finden sich auch die Freund*innen, die seine Verkündigung als Heilsweg aus den Irrungen und Wirrungen der zeitlichen Bestimmungen und Festlegungen verstehen. Die Jünger*innen Jesu – so werden seine Freund*innen in der Bibel genannt – lernen von ihm, dass die Argumente der „Sachzwänge" oder des „Schonimmersogewesenen" vom Argument der spontanen Liebe überwunden und überboten werden. Darüber hinaus lernen die, die Jesus zuhören auch, dass die „guten Ausreden", das zu tun, was eigentlich getan werden sollte, am Ende dazu führen können, die Feier einer guten und gelingenden Welt zu verpassen.

In der gegenwärtigen Debatte um Fragen von *Gerechtigkeit, Frieden* und *Bewahrung der Schöpfung* spielen sowohl die Argumente der Sachzwänge als auch des Beharrens auf dem, was schon immer so war, als auch die „guten Ausreden" eine erhebliche Rolle, die nicht von der Lehre und Biografie Jesu gedeckt sind.

In der ökologischen Krise ist das Zauberwort, das Veränderung ankündigt und gleichzeitig wieder zurücknimmt, das überaus gern benutzte Wort „eigentlich". Es spielt in der Verkündigung Jesu keine Rolle.

Jesus hat nie gesagt: „Eigentlich liebt Gott die Welt" oder „Eigentlich soll man seinen Nächsten lieben wie sich selbst" oder „Eigentlich bin ich die Auferstehung und das Leben".

Das Eigentliche des Menschen ist für Jesus sein Leben vor Gott und damit die Unausweichlichkeit, sich einer Wirklichkeit zu verschreiben, die Gottes Einladung annimmt, an seinem Tisch Platz zu nehmen, an dem eine Welt gelingt, in der die großen Kontrahenten des Himmels auf Erden keinen Stuhl angeboten bekommen. Zu diesen Kontrahenten gehört alles das, was in der ökologischen Diskussion als zerstörerisch und feindlich erkannt wird: *Gier, Geiz, Gewalt,* um nur drei Stichworte zu nennen. Jesus weist in seiner Verkündigung immer wieder darauf hin, dass die Einladung an den Tisch Gottes jedem Menschen gilt, der bereit ist, den lebensfeindlichen Mächten den Stuhl am Tisch des eigenen Lebens wegzunehmen. Er erkennt aber auch, dass die Möglichkeiten der menschlichen Teilnahme an seiner Welt der Liebe an den „guten Ausreden" und am Gebrauch des Wortes „eigentlich" immer wieder scheitern.

Das große Eigentlich
(Lukas 14)

„Kennst du den Psalm Davids, den wir in der Synagoge zuweilen singen oder lesen", fragt der fromme Hananias Jesus. „Da heißt es, dass Gott uns einen Tisch in einer Welt voller Feinde deckt und dass er uns voll einschenkt. Das wird wunderbar. Man muss allerdings daran glauben, dass man eines Tages tatsächlich an diesem Tisch sitzen wird."
Jesus nickt und sagt: „Man kann schon jetzt an diesem Tisch Platz nehmen. Gottes Welt ist nach wie vor gut, selbst wenn sie von Menschen verdorben wird. Und es gibt eine Einladung Gottes, die wir alle haben. Eine Einladung zum Frieden, eine Einladung zur Gerechtigkeit und eine Einladung zum Heil. Aber sie wird von vielen nicht angenommen."
„Wie meinst du das?", fragt Hananias.
„Hör zu!", legt Jesus Hananias freundschaftlich die Hand auf die Schulter.
„Da gibt es einen Menschen, der hat Lust und die Gelegenheit, ein großes Fest zu feiern. Wochen vorher schickt er ein ‚save the date' an die, die er auf seiner Gästeliste hat. ‚Kommt zum Fest! Ich freue mich! Wir feiern die Freundschaft und das Miteinander.'"

Am Tag selber lässt er einige der geladenen Gäste noch einmal erinnern: „Heute ist unser großes Fest!“
Jetzt aber hagelt es Absagen.
„Eigentlich wollte ich ja kommen“, sagt der Erste, „aber meine Geschäfte hindern mich ausgerechnet heute daran. Es wird sicher verstanden, dass ich aus meinem Alltag nicht einfach so aussteigen kann. Ich bin nicht dabei.“
Die Zweite sagt: „Im Grunde finde ich es toll, dass es dieses Fest geben soll. Aber ich habe nicht damit gerechnet, dass der Druck der Ereignisse mich so sehr bindet, dass ich keinesfalls teilnehmen kann. Dafür wird es sicher Verständnis geben. Meine Zeit ist heute zu schade, um an einem Fest teilzunehmen.“
Der Dritte hebt die Arme: „Ach, du liebe Zeit. Das Fest! Das ist bei mir ganz unter den Stapel auf meinem Schreibtisch gerutscht. Ich bin leider mit der Firma verheiratet und da kann ich nicht einfach mal so aussteigen.“
„Okay, wenn es so ist, dann ist es so!“, stellt der Mensch, der das Fest vorbereitet hat, fest. „Ich habe die eingeladen, die mir als erste in den Sinn kamen. Aber es gibt ja auch noch die anderen, die Übersehenen, die Übriggebliebenen, die Versteckten und die, die niemals eingeladen werden.“
Als die alle dann beim Fest dabei sind, sagt der Gastgeber: „Irgendwann ist die Zeit, in der die faulen Ausreden einen auch nicht mehr retten.“

Die Konsequenz, mit der Jesus eine Änderung des Lebensstils von den Menschen erwartet, die seine Predigten hören, bringt viele aus seinem Volk dazu, sich von ihm abzuwenden oder sich ihm erst gar nicht zuzuwenden.

Die grundsätzliche Möglichkeit der Umkehr von falschen Wegen ist nämlich nicht umsonst zu haben. Sie kostet die Erkenntnis, dass der bisherige Weg falsch war, und sie bedeutet, dem Leben eine neue Richtung zu geben.

Das war zur Zeit Jesu ebenso schwer wie heute.

Jesus malt mit Worten

Immer wieder gelingt es Jesus in seinen Predigten, die Alltagswelt in sein Reden hineinzuholen und gleichzeitig den Alltag in den Kontext der Wirklichkeit Gottes zu stellen. Oft beginnt er diese Predigten dann mit den Worten: „Mit Gottes Reich verhält es sich wie mit …“, um dann den Himmel, den er predigt, auf die Erde in alltägliche Geschichten zu holen.

Mini wird Maxi

(Markus 4, 30 – 34)

„Mit Gottes Reich verhält es sich wie mit diesem Senfsamen“, zeigt Jesus seinen Zuhörenden zwischen Daumen und Zeigefinger eingeklemmt ein Senfkorn. Die, die etwas weiter weg stehen, können es schon gar nicht mehr sehen, aber sie wissen ja, was Jesus meint. „Wenn der Senfsamen in die Erde gelegt wird, ist er unscheinbar, miniklein und ohne Brille kaum zu sehen. Wenn der Samen dann aber aufgeht, durch die Erde stößt, sich der Sonne entgegengrünt, dann wird aus diesem kaum zu sehenden Samen eine beachtliche Pflanze, die höher

wird als alle anderen Kräuter. Und auch, wenn man nicht mit schweren Stiefeln, mit Bulldozern, mit lebensfeindlichen Mitteln gewaltsam dagegen angeht. Und wenn daraus der große Busch geworden ist …"
Einer der Zuhörer unterbricht an dieser Stelle: „Wir nennen das große Gewächs Senf-Baum!" Jesus hebt lächelnd die Hände. „Wenn daraus der große Baum geworden ist, dann bietet dieser Baum oder Busch – das könnt ihr euch aussuchen – Platz für allerlei Getier, wie zum Beispiel Vögel, die darin ihre Nester bauen. Vorausgesetzt, das Wachstum wird von den Menschen nicht gestört."

In den Gleichnissen, die Jesus oft als Medium seiner Predigt nutzt, geht es vor allem darum, den Zuhörenden von Gottes kommendem Reich zu erzählen. Zu diesem kommenden Reich – das überrascht nun nicht wirklich – gehört die Durchsetzung von *Friede, Gerechtigkeit* und *Heil.* In diesem Sinn sind auch die Heilungsgeschichten Jesu wie Gleichnisse, die von Gottes Wirklichkeit einer heilen oder zumindest heilbaren Welt erzählen.

Augen auf!
(Markus 10, 46 – 52)

Da sitzt einer am Straßenrand in Jericho. Eine Bettelschale steht vor seinen Füßen. „Gebt mir ein bisschen Geld!", ruft er und hin und wieder fallen tatsächlich ein paar Münzen in die Schale. „Vergelt's dir Gott!", bedankt sich der Blinde, wenn er die Münzen fallen hört.

Heute nun kommt Jesus auf dem Weg daher. Der Blinde hat von ihm gehört. Er weiß, dass Jesus davon predigt, dass Gott die Welt retten will, und hofft nun selbst auf Rettung.
Als Jesus mit seinen Freunden vorbeigeht, ruft der Blinde: „Hallo Jesus, du Mann aus dem Geschlecht Davids. Ich heiße Bartimäus, erbarme dich über mich."
Peinlich berührt legen die Leute den Zeigefinger vor den Mund. „Mensch, Bartimäus! Sei still!"
Da legt der Blinde nach, ruft mit noch lauterer Stimme: „Hey! Jesus! Hier bin ich! Hilf mir!"
Jesus hört den blinden Bartimäus rufen.
„Bringt ihn her", fordert Jesus die Freunde auf. Ohne an die Bettelschüssel zu denken oder an den Mantel, der ihn wärmt, springt der Blinde auf. Wenn gerade jetzt jemand Mantel oder Geld klaut, was soll's!
„Was willst du denn?", fragt Jesus.
Jetzt wird Bartimäus doch noch etwas schüchtern, redet Jesus mit dem Ehrentitel an: „Rabbi", sagt er, „ich möchte sehen können."
„Das lässt sich machen", sagt Jesus – und Bartimäus kann sehen.

Wenn die Evangelisten solche und andere Wunder berichten, die Jesus heilend getan hat, dann machen sie bis heute der Christenheit Mut, sich an Jesu heilsamem Handeln zu beteiligen.

Menschen, die sich dafür einsetzen, dass diese Welt für weitere Generationen ein Ort bleibt, der zumindest noch eine Ahnung von dem guten göttlichen Garten des Anfangs der Schöpfung vermittelt, und der einer großen Vielzahl an Arten den „Odem des Lebens" lässt, dürfen sich darauf verlassen, dass Jesus aus dem Neuen Testament heraus neben sie tritt, um mit ihnen für Lebensfreundlichkeit, Gerechtigkeit und Frieden zu demonstrieren.

Dabei hat Jesus in seiner klaren Positionierung gegen den Raubbau an Schöpfung und Ressourcen den großen Vorteil, dass er sich seinen Wähler*innen nicht anbiedern muss, um mit immer neuen Kompromissen das große Ziel der Rettung des Planeten auf einen noch weiteren Termin in der Zukunft zu verschieben.

Das Konzept der Verkündigung Jesu ist das *Jetzt.*

Gerade dieses Konzept des Jetzt macht es leicht, Jesus zu widersprechen. In der Freiheit, die ihm der Glaube gibt, dass er Gottes Sohn ist und in der Freiheit des umherziehenden Predigers lässt er weder falsche noch „echte" Rücksichten zu. Die Bedingungslosigkeit seines Rufes in die Nachfolge ist es, die sowohl seine Anhänger verunsichert, als auch seine Gegner in ihrer Ablehnung bestärkt.

Das Evangelium, das Jesus predigt, ist auch eine Botschaft für die Krisen, die die Menschen erleben. Aber dieses Evangelium fordert den Menschen die eigene Entscheidung ab, ob sie sich darauf einlassen wollen oder nicht.

Der von den meisten Christ*innen gewählte Weg ist der des Tortenstücks, das mit den Früchten des „Eigentlich" belegt wird. Beharrungsvermögen, die Tatsache, dass man es sich in den Nischen des eigenen Wohllebens ganz bequem machen kann, und dass die Welt dann doch zuweilen am eigenen Tellerrand endet, bringt Theologie und Glauben dazu, oft genug nach Möglichkeiten zu fragen, wie deutliche und klare Worte unter dem Hinweis, dass sie so „eigentlich" nicht gemeint sein können, den eigenen Lebensentwürfen angepasst werden können.

Ein Konzept des unbedingten Jetzt

(Matthäus 8, 18 – 22)

Jesus ist auf dem Weg an das andere Ufer des Sees Genezareth. Das Boot, das ihn rüberbringen wird, liegt schon bereit. Da kommt einer der Schriftgelehrten zu ihm.
„Jesus, ich habe schon etliche deiner Predigten gehört und gebe es gern zu, dass mich das bewegt, was du von Gottes Liebe sagst und von seinem unbedingten Willen die Welt zu retten, und ihr Zukunft und Hoffnung zu geben. Ich will dir folgen!"
Jesus sieht den Mann freundlich an. „Ich glaube, Du unterschätzt die Konsequenzen, mein Freund. Du hast ein Zuhause, vielleicht sogar mit einer extra eingebauten Schrankwand, du hast dich in deiner Umgebung eingerichtet. Ich habe weder das Eine noch das Andere. Mein Auftrag schließt ein, dass ich heute hier und morgen da bin und nirgends bin ich richtig zu Hause. Füchse haben Höhlen, Vögel haben Nester … ich habe solche Orte, an die ich mich binde, nicht."

Da steht der Schriftgelehrte und weiß nicht mehr, ob er seine Bitte tatsächlich so ernst meinte.
Eines Tages kommt ein anderer zu Jesus und sagt: „Ich komme mit dir! Ich folge dir nach! Aber es dauert noch ein wenig. Mein Vater ist gestorben und ich muss mich erst um die Beerdigung kümmern.“
Jesus bleibt ungerührt, wünscht zwar freundlich „Herzliches Beileid“, sagt dann aber: „Jetzt ist die Zeit der Nachfolge. Lass die Toten die Toten begraben.“

Solche Forderung der Unbedingtheit der Nachfolge lässt sich in einer Kirche, die sich in der Welt eingerichtet hat, lässt sich in einer Christenheit, die sich in weiten Teilen der Bürgerlichkeit eines Lebens rund um den eigenen Kirchturm eingerichtet hat, in der jesuanischen Radikalität weder predigen noch leben. Sie muss aber eine Erinnerung bleiben, die auch die steuerzahlenden Kirchenmitglieder nicht vergessen dürfen. Die Erinnerung lautet: Zuweilen müssen die Prioritäten des Lebens um der Liebe Gottes und um der Predigt Jesu willen verändert werden.

Nachfolge Jesu bedeutet nicht allein, seine Geschichten zu kennen, seinen Namen als Gottes Sohn zu ehren, sondern auch in seinen Fußstapfen die nach Heilung schreiende Welt zu hören.

Teil 5

Der Weg der Theologie in die Zeitlosigkeit

Nach Tod und Auferstehung Jesu bildet sich eine neue Bewegung im Judentum und im jüdischen Umfeld der Heimat Jesu. Die Jesusleute finden sich zusammen, erzählen sich von ihren Begegnungen mit Jesus, feiern zusammen an den Tischen ihrer Häuser das Abendmahl. So erleben sie im Laufe der Zeit in dem erinnernden Erzählen und im gehorsamen Handeln Jesus gegenüber den Auszug aus der eigentlichen Bewegung innerhalb des Judentums. Einen Auszug in das Land einer neuen Religion des Friedens, der Gerechtigkeit und des Heils, die sich auf Christus den Gekreuzigten und Auferstandenen gründet. Das Leben in einer sich beständig wandelnden Welt allerdings stellt immer wieder auch Fragen, die aus den fröhlichen oder traurigen, herausfordernden oder bestätigenden Geschichten des Lebens und Sterbens Jesu nicht ohne Weiteres zu beantworten sind.

Das gilt bis heute.

Dabei kann ausgeschlossen werden, dass in der nahezu endlosen Reihe der Generationen vor dem Heute die Idee eines menschengemachten Weltuntergangsszenarios in den Köpfen der Menschen war.

Während heute die bewohnte Welt in der Schraubzwinge aus menschengemachter Ausbeutung und gewinnorientierter Rücksichtslosigkeit zu sehen ist, galt bis vor wenigen Generationen, dass die „Welt in Gottes Hand“ ist.

Für biblische Menschen sind Atomkraftwerke, kilometerlange Staus auf den Autobahnen, Massenvernichtungswaffen, Massentierhaltung in Ställen, groß wie Fußballfelder, oder die menschengemachte

Klimaveränderung schlicht nicht vorstellbar. Fragen der Genetik können sie weder stellen noch beantworten, weil es so etwas zu ihrer Zeit nicht gibt.

Auch Fragen der Gendergerechtigkeit, der Diversität und der Globalisierung können den biblischen Journalisten und Schriftstellern nicht in den Sinn kommen, weil sie in ihrer Zeit mit ihren zeitlichen Erkenntnissen und Herausforderungen leben.

Und doch will das, was die Bibel erzählt, zeitlos sein und so verstanden werden, weil Gott über der Zeit wohnt und sein Handeln, das die Welt bewegt, zeitlose Gültigkeit beansprucht.

In dieser Situation kommt einer der ganz klugen Köpfe der frühen Christenheit ins Spiel. Es handelt sich um einen überaus bibelfesten und traditionsbewussten älteren Mann, der nach einem dramatischen Bekehrungserlebnis auf eine Karriere als hochangesehener Funktionär des jüdischen Glaubens verzichtet, um sich dem Glauben an Jesus zuzuwenden. Dabei scheint dieser Mann nun gar kein Interesse daran zu haben, die „Heldengeschichten“ weiterzuerzählen, die die Evangelisten von Jesus erzählen. Es ist für ihn in seinen umfangreichen Schriften, die in das Neue Testament Eingang gefunden haben, nicht wichtig, dass oder ob Jesus auf dem Wasser laufen oder ob er Wind und Wellen beherrschen konnte.

Paulus, wie dieser Mann heißt, baut dem Glauben an Jesus ein Haus, in dem der neue Glaube über die Zeiten hinweg leben kann.

Gleichzeitig baut er dem Glauben mit seiner frommen Lehre, in der Tod und Auferstehung Jesu im Mittelpunkt aller Überlegungen stehen, einen Jumbo-Jet, der ihn bis in die letzten Winkel der Welt bringen kann. Aus einer lokalen Sekte von Jesusleuten entwickelt Paulus als prominentester Lehrer der jungen christlichen Gemeinden das irgendwann den Globus umspannende Christentum. Natürlich ist er nicht der Einzige, der das Christentum „internationalisiert“, aber ihm gebührt ein wesentlicher Anteil.

Paulus wird der für Jahrhunderte entscheidende Theologe der christlichen Kirche.

In die Mitte seiner Lehre vom Glauben an Jesus stellt er die Fragen, wie aus den netten Geschichten und Geschichtchen über den lebenden Jesus die eine große Geschichte der Weltenrettung Gottes durch das Leben und Sterben Jesu werden kann.

Er schreibt: „Ich kann an Jesus nicht anders denken als an den Gekreuzigten. Nur im Kreuz findet sich der Schlüssel zu der Entscheidung Gottes, die Welt zu retten.“ (1. Kor. 2,2)

Paulus darf sich als einen Menschen vorstellen, der von seiner Mission, über Christus zu erzählen, in die „große weite Welt“ hinausgetrieben wurde. Hier begegnet er Menschen, die ohne die jüdische Tradition und das jüdische Denken an hellen Orten der Intellektualität und der Politkultur lebten. Er trifft emanzipierte Frauen und philosophisch denkende Männer, denen er auch eine Theorie des christlichen Glaubens zu schildern weiß. Dabei ist es beachtlich, dass er zunächst immer erst bei den jüdischen Glaubensgenossen seine Mission beginnt und seine Predigten und Schriften aus der Schrift heraus zu begründen versucht.

Andererseits darf sich dieser Paulus entweder selbst Briefe schreibend oder anderen Briefe diktierend vorgestellt werden, in denen er gemeindliche Streitfälle zu klären versucht oder akute Fragen der ersten Christenheit beantwortet.

Auf dem Weg der Frage nach der Bedeutung des Paulus für die Ökologiebewegung im christlichen Raum finden sich im paulinischen System die beiden Zentralbegriffe der Liebe und der Sünde.

Dabei kann Paulus diese beiden diametral entgegengesetzten Pole, zwischen denen sich für ihn die Welt „abspielt“, geradezu als Personen betrachten. Jesus Christus erfüllt in seinem Leben und Sterben für Paulus den Tatbestand personalisierter Liebe.

Da, wo Paulus „Liebe“ schreibt, darf auch „Christus“ gelesen werden. Und dieser Hoheitstitel beinhaltet – wie schon früher ausgeführt – die ökologischen Grundbegriffe von *Gerechtigkeit, Friede* und *Heil.*

Wenn Paulus von „der Liebe“ spricht, dann ist dieses Wort Platzhalter für die wirklich geschehende Rettung durch Christus aus den prekären Verhältnissen der Welt. Im 13. Kapitel des 1.

Korintherbriefes schreibt Paulus: „Die Liebe erträgt alles, glaubt alles, hofft alles, hält allem stand." (1 Kor. 13,7) Es hört sich schwer verstehbar an, aber für Paulus ist „die Liebe" – wie er sie nennt – eben nicht zuallererst das Gefühl, das zwei Menschen verbindet, die sich im Spiel der Liebe zusammenfinden, sondern es ist ein auf Gleichzeitigkeit ausgelegtes Kommunikationsmittel des Geschehens von Kreuz und Auferstehung. Das heißt: Die Liebe Gottes besiegt den Tod und ist der Garant für die Auferstehung, um nach dem Sterben zur auferweckenden Kraft zu werden. Dann wird sowohl der gekreuzigte als auch der auferstandene Christus zur Inkarnation „der Liebe", mit der Gott die Welt zu retten bereit ist.

Zwar wird der Tod von Paulus als Gegebenheit menschlichen Lebens hingenommen. Er steht ihm aber nicht versöhnlich gegenüber. Paulus schreibt, dass der große Gegenspieler Gottes, die Sünde, das menschliche Versagen an der ganzen belebten Welt bezahlt.

Dieses Versagen, das in den Tagen begann, als Eva und Adam verbotenerweise vom göttlichen Baum aßen, führt allerdings nicht zwangsläufig zur Herrschaft des Todes über die Lebenden und die Toten, weil „die Liebe" gegen die Macht und Mächte des Todes siegen wird.

Liebe als ökologischer Joker

> *Wenn ich alle Möglichkeiten hätte, die Welt zu gestalten*
> *und hätte die Liebe nicht,*
> *dann würde ich daran scheitern, etwas Harmonisches und*
> *Gelingendes zu schaffen.*
> *Wenn ich mir einbildete alles zu können und alles zu wissen*
> *und mir nichts unmöglich schien,*

wenn ich sagen würde, meine Möglichkeiten sind so grenzenlos
wie Gottes Möglichkeiten,
wenn ich die Welt neu gestalten könnte,
mit den Armen teilte und sogar bereit wäre, mich mit aller
Kraft für eine neue Welt einzusetzen
und hätte die Liebe nicht, dann bliebe das hohl,
dann würde mir die Welt misslingen.
Die Liebe gönnt und sucht Freundschaft mit Fremden.
Die Liebe übertreibt nicht die eigenen Interessen.
Die Liebe bläst das Ich nicht auf und fragt nach den Interessen
der anderen,
die Liebe macht anderen das Leben nicht bitter,
sie kann Bösem mit Gutem begegnen.
Es sind Kräfte Gottes, die der Welt Gegenwart und Zukunft geben,
die über alle Zeiten bleiben:
Der Glaube an ein Morgen,
die Hoffnung auf Frieden,
die Gewissheit, dass die Liebe siegt.

So wie „die Liebe" von Paulus sowohl als Macht als auch als Person angesehen werden kann – Macht Gottes und Jesus Christus – so kann der Apostel auch von der Sünde ein personalisiertes Bild zeichnen. Sie ist eine Machthaberin, die Menschen als Soldat*innen in den Dienst stellt und die ihren Legionen mit dem Tod den Sold auszahlt.

Gewalt gegen andere, Ungerechtigkeit, die Verweigerung lebensfreundlich zu wirken und das tödliche Gift der Gottabgewandtheit in die Welt zu bringen, sind die Erkennungsmöglichkeiten der personalisierten Sünde.

Paulus schreibt: „Die Sünde ist ein Despot, der für seine Leute nichts anderes bringt als den Tod. Sünde ist ein Kriegstreiber gegen Gott und ein Killer!" (Römer 6,23)

Heute könnte Paulus auch vom „Killervirus“ sprechen, das sich unter der Welt breit macht. Alle die, die eine Ahnung von diesem Killervirus haben, sind beseelt von dem Wunsch nach einem Impfstoff.

Zu denen, die angesichts der fortschreitenden Umweltzerstörung die Zukunft der Welt auf dem Spiel stehen sehen, gehören nach der theologischen Einschätzung des Paulus nicht allein die Menschen, sondern alles Geschaffene.

Der Schmerzensschrei der Schöpfung (Römer 8, 18 ff)

Paulus sitzt an seinem Schreibtisch. Vor sich hat er Tinte und Feder. Da haben ihm die Gemeindeglieder der jungen christlichen Gemeinde in Rom einen Brief geschrieben, in dem sie von all den Belastungen erzählen, denen ihr Leben ausgesetzt ist. „Unser Leben in der Welt ist von vielen Seiten bedroht“, schrieb die Gemeindevorsteherin aus Rom.
Paulus schreibt zurück: „Ich bin davon überzeugt, dass diese ganzen Beobachtungen des Verfalls und der Gewalt und der Armut, auf die man entweder blickt oder von denen man hört, nicht das letzte Wort haben werden. Wir dürfen uns das Bild einer schönen Welt für alle nicht nehmen lassen, weil dieses Bild die Herrlichkeit Gottes malt. Es stimmt, dass alle Kreatur – Mensch, Tier, Pflanze – bedrückt darauf wartet, dass Gott die Welt durchdringt. Dann werden alle in das Lied der Freiheit einstimmen, das ihrer Hoffnung Ausdruck verleiht, vom langsamen Sterben ringsum erlöst zu werden. Tatsache ist nämlich, dass die ganze Schöpfung

nach Erlösung schreit und in der Angst lebt, dass nichts als Vergängnis bleibt."

Paulus erweist sich im Gedanken von der „seufzenden und angstvollen Schöpfung" als durchaus moderner Denker und Theologe. Es ist sein Verdienst, dass der Beitrag der Christenheit zur ökologischen Diskussion nicht allein davon bestimmt wird, dass die Welt von Gott gemacht und als Lebensraum zur Verfügung gestellt wurde. Neben den schöpfungstheologischen Gedanken des *Bebauens* und *Bewahrens,* der von der Menschheit in ihrer Gier und Zerstörungswut bereits vernichtet wurde, stellt Paulus den Gedanken der „Erlösungsbedürftigkeit" der ganzen belebten Welt.

Die Aussicht auf Erlösung, auf eine Zeit des Grünens in einer Zeit, in der Vergänglichkeit zum täglichen Thema wurde – Aussterben der Arten, Ausweitung der Wüsten, Vernichtung von natürlichen Lebensräumen – bietet dem Paulus der Glaube an Christus.

Paulus fragt in seinem Römerbrief im Anschluss an die Feststellung, dass „die ganze Schöpfung" bis zu diesem Augenblick seufzt und sich ängstigt (Römer 8,22) folgendes:

Der Karren ist nicht unwiderruflich im Dreck

(Römer 8, 31ff)

Okay! So ist es nun mal. Was kann dazu sonst noch gesagt werden? Müssen wir uns der Tatsache stellen, dass Gott uns – und nicht nur uns, sondern alle und alles – aufgegeben hat? Unsinn! Gott hat seinen Sohn Jesus Christus in diese Welt

gelassen. Das hätte er nie getan, wenn er uns keine Zukunft schenken wollte. Die Gegenwart Christi in der Welt macht sie und macht uns wieder zu etwas ganz Besonderem.
Was folgt daraus?
Gerechtigkeit und gutes Leben sind weiterhin möglich.
Wir werden in der Gegenwart Christi und beseelt von seiner Liebe diesen in den Dreck gefahrenen Karren herausholen können.
Ich bin mir sicher, dass die Liebe Gottes, die er in Christus beweist, den Mächten des Zeitgeistes ein Stoppschild zeigen wird.
Und wir haben dieses Stoppschild in Christi Namen in der Hand.

Die gute Nachricht, „dass weder Engel noch Gewalten, weder Gegenwärtiges noch Zukünftiges“ von der Liebe Gottes scheiden können, ermöglicht für Paulus grundsätzlich immer einen Richtungswechsel. Dieser Richtungswechsel wird für Paulus durch das Kreuz Christi ermöglicht. Am Kreuz, das die Römer aufrichten, um Jesus als Anführer einer fünften Kolonne gegen Rom und gegen den Kaiser in Rom hinzurichten, stirbt Jesus dafür, dass die Fehler der Menschen im Umgang mit Gott und den Menschen nicht länger zum für sie todbringenden Verhängnis werden müssen.

Im Rahmen der ökologischen Debatte steht das Kreuz als Galgen, an dem Jesus stirbt, für den scheinbar nicht mehr wiedergutzumachenden Schaden, den das schreckliche Handeln der Menschen bis heute in Welt und Umwelt angerichtet hat. Es wird zum Wegzeichen der Zerrüttung, die sich zwischen dem Schöpfer und der Schöpfung seit dem paradiesischen Rauswurf entwickelte.

Es ist dem Apostel Paulus zu verdanken, dass das Kreuz eher zum Symbol eines Neuaufbruchs werden konnte als zum Symbol der zerstörerischen Macht aller jener, die um ihrer eigenen Macht willen den Tod anderer in ihr System von Gier und Eigennutz einkalkulieren. Paulus stellt der Klugheit der Menschen, die mit ihren nahezu grenzenlosen Möglichkeiten bis heute die Welt an Rand des Ruins gebracht haben, die Klugheit Gottes gegenüber. Diese Klugheit Gottes, die sich dann in die Herzen und Taten der Menschen legen soll, hat das Motto: „Alles ist möglich, aber nicht alles ist nützlich und schon lange nicht gut." (1. Korinther 10,23)

Paulus ist sich dabei der Schwierigkeit bewusst, die es bedeutet, das Kreuz Christi zu verstehen. Er schreibt: „Das Kreuz ist eine Torheit und trotzdem ein Ausdruck der Kraft Gottes." (1. Korinther 1,18)

Dummes wird klug
(1. Korinther 1,18)

Das Kreuz Christi ist für die, die in der Welt schon verloren haben, weil sie die Welt verlieren, kein Zeichen eines Aufbruchs in eine moderne Welt, sondern ein Zeichen des Gestern.
Für uns aber, die sehen, dass der Umgang mit der Welt um Gottes Willen total verändert werden muss, ist es ein Wegweiser, dass wir Veränderung mit Christus anpacken können.
Es gibt schon lange die Ahnung, dass Gott die, die sich selbst für klug und weise halten, als die letztlich doch Dummen überführen wird.
Schaut euch um in der Welt und dann fragt: Wohin hat die Klugheit uns gebracht?
Was hat uns die Klugheit jener, die sich die Wirtschaftsweisen nennen, eingebracht?

Wir stehen an einem Punkt, an dem sich die Klugheit als Dummheit in den Schwanz beißt.

Dieser Ausflug in die Theologie des Paulus sollte zeigen, dass es bei der ökologischen Debatte durchaus auch um ein Mitspracherecht der christlichen Gemeinden und christlicher Menschen geht. Mit dem Bezug darauf, dass Jesus – im biblischen Wortlaut – „in die Welt kam, damit allen Menschen geholfen werde“, darf auch gesagt werden, dass die, die Jesus Christus folgen, zu jenen gehören sollen, die sich daran beteiligen, dass der Welt geholfen wird, zu überleben.

Teil 6

Vier Lebensbilder gegen Krieg, Ausbeutung, verschlossene Zukunft und Depression

„Wir wollen gut verwalten, was Gott uns anvertraut,
verantwortlich gestalten, was uns're Zukunft baut.
Herr, lass uns nur nicht fallen in Blindheit und Gericht.
Erhalte uns und allen des Lebens Gleichgewicht."

Dieser Vers findet sich als gesungenes Gebet im Gesangbuch in einem der sommerlichen Lieder. Es geht in der ökologischen Diskussion tatsächlich um das „gute Verwalten" dessen, was Gott den Menschen anvertraut hat. Möglicherweise geht es auch darum, schlicht und einfach wieder zu erfahren und zu erleben, dass es im Umgang mit der Welt auch um das Erlebnis des „Heiligen" geht, das die Menschen neue Demut lehren kann.

Das Heilige in der Bibel ist der Ort der Unantastbarkeit oder der Ort, dem man sich auf besondere Weise nähert. Eine der großen Bibelgeschichten aus dem Alten Testament erzählt von Mose, der dem Heiligen in einer ganz alltäglichen Situation begegnet. Das Heilige in diesem Zusammenhang ist der Ort, aus dem heraus Gott zu Mose spricht.

Schuhe aus …
(Exodus 3)

Mose ist Hirte.
Er hatte mit Gott schon vor Langem seine besondere Geschichte. Da hat ihn Gott nämlich als Baby in einem Weidenkörbchen auf dem Nil treibend vor allen Gefahren für Leib und Leben bewahrt und hat ihn im Haus des Königs von Ägypten aufwachsen lassen. Da konnte Mose nicht bleiben. Mose gehört seit seiner Geburt und trotz der Kindheit und Jugend im Haus des Königs von Ägypten nicht zu den Ägyptern, sondern zum Volk Gottes. Zum Volk der Erzeltern. Die hießen Sara und Abraham, Rebekka und Isaak, Rahel und Jakob.
Jetzt ist Mose ein verheirateter Mann. Lebt schon geraume Zeit nicht mehr in Ägypten, sondern im Land Midian. Statt einer royalen Karriere am ägyptischen Hof hütet er nun die Schafe seines Schwiegervaters Jethro.
Etwas Eigenartiges geschieht. Da brennt gar nicht weit von dem Ort, an dem Mose sitzt und seinen aufpassenden Blick über die Herde schweifen lässt, ein Busch. Wie feurige Flammen lodert es aus Zweigen und Blattwerk. Der Busch brennt, aber verbrennt nicht.
„Das will ich mir ansehen“, sagt Mose zu sich selbst und schlendert neugierig auf den Busch zu. Erschreckt weicht er zurück, als er aus dem Busch eine Stimme hört: „Mose! Bist du es?“
Stotternd antwortet Mose: „Ja, ich bin es. Mose!“
„Ich habe dir etwas zu sagen“, sagt die Stimme. „Ich bin der Gott der Erzeltern!“

Mose ist verwirrt, weiß nicht, was er tun soll.
Da sagt die Stimme: „Du begegnest gerade mir, deinem Gott. Komm nicht zu nahe! Zieh die Schuhe aus, denn da, wo du jetzt bist, ist Heiliges Land."
Mose tut genau das! Zieht die Schuhe aus, ist von heiligem Schauer ergriffen und schließt die Augen.

Dann gibt Gott ihm den Auftrag, sein Volk aus Ägypten herauszuführen.

Zum gegenwärtigen Zeitpunkt der Ökologiedebatte geht es vor allem darum, diese Haltung der Ehrfurcht zu finden, die der Heiligkeit der Schöpfung gegenüber angemessen ist. Das „Schuhe aus!", das den Menschen in der Gegenwart Gottes zugerufen wird, meint vor allem, darauf zu verzichten, sich mit den Siebenmeilenstiefeln der Selbstbedienung und des nationalen Egoismus weiter fortzubewegen.

Es geht um den Moment einer Barfüßigkeit des Menschen, die ihn dazu bringt, mit neuer Behutsamkeit weiter über die Erde zu laufen und sich auf ihr zu bewegen.

Heilige Künstler des Lebens

Dabei stehen dem Heiligen der Schöpfung zuweilen Menschen wie der bereits erwähnte *Franziskus von Assisi* zur Seite. Manche von ihnen werden sogar selbst mit einem Ehrentitel als „Heilige" bezeichnet. Von vier solcher Heiliger soll im Folgenden die Rede mit Blick auf eine ökologisch gelesene Bibel sein. Die so erwähnten „Heiligen" sind im Sinne der Überschrift dieses Abschnitts „Künstler des Lebens", weil sie die Kunst beherrschen, dem Leben anderer den Vorrang vor den eigenen Interessen zu geben.

Die Besonderheit, die sie zu einem Leben in dieser Kunst befähigt, ist eine enge Beziehung zu Gott und zu Christus.

Das Heilige, als das „was Gott zusteht", wird von diesen Künstlern des Lebens im Einklang mit Mensch und Natur betont. In ihrem Handeln an und in der Welt ist das Bestimmende der Wille Gottes, die erschöpfte Natur zu erlösen und das Lebendige aus allen Misshandlungen zu befreien.

Von vier „Künstlern des Lebens" – sogenannten „Heiligen" – soll im Folgenden die Rede sein. Ihre jeweilige persönliche Besonderheit wird neben den biblischen Geschichten, zu deren Erzählung sie Anlass geben, einem der Begriffe aus dem „konziliaren Prozess" von Vancouver zugeordnet.

Zunächst geht es um die *Heilige Elisabeth von Thüringen,* die dem Begriff der Gerechtigkeit zugeordnet wird. Diese Fürstin hat auf Herrschaftsansprüche verzichtet, um sich jenen zuzuwenden, die unter Unterdrückung und Armut litten.

Es geht auch um den *Heiligen Martin,* der im Zusammenhang mit dem Frieden erwähnt wird.

Es wird um den *Heiligen Nikolaus* gehen, der sich in seiner Liebe zu Kindern der Bewahrung der Zukunft verschrieben hat.

Als vierte unter den Künstlern des Lebens wird an *Hildegard von Bingen* erinnert, die den Begriff der Heilung aus der Natur grundlegt.

Elisabeth von Thüringen – Gerechtigkeit

Elisabeth hat von 1207 bis 1231 gelebt. Sie war eine ungarische Prinzessin, die mit dem Fürsten Ludwig IV. von Thüringen verheiratet war. Von ihr werden „Legenden der Gerechtigkeit" erzählt, die sie im Rahmen dieses Buches zu einem Beispiel für die Suche nach Gerechtigkeit machen, weil Elisabeth ihr Handeln von ihrem Glauben bestimmen ließ. Sie lebte auf der Wartburg bei Eisenach und von ihr wird erzählt, dass sie bei den großen Festessen auf der Burg, die der Fürst für seine Vasallen und Freunde gab, regelmäßig danach fragte, ob das Essen auch auf „gerechte Weise" auf den Tisch gekommen wäre. Darunter verstand sie selbstverständlich nicht die Frage nach regio-lokalem oder nach saisonalem Anbau, wie das heute auch zum gerechten Essen gehört, sondern sie verstand darunter die Frage nach angemessener Bezahlung für die Bauern.

Eine der bekanntesten Legenden ist die vom „Rosenwunder", hinter der sich der Wunsch der Fürstin verbirgt, dem Hunger in ihrer Welt helfend zu begegnen.

Zu den großen Fragen der Gerechtigkeit gehört nach wie vor die eigentlich rhetorische Frage, wie sich das Unrecht ausgleichen lässt, dass die einen in der Welt im Überfluss leben und die anderen von der Angst vor Hunger- oder Mangeltod verfolgt werden. Rhetorisch ist diese Frage in dem Sinn, dass im Grunde sehr viele die Antwort kennen: Die Lösung liegt im Verzicht auf zumeist westliche Egoismen, auf die Gier nach ständigem Wachstum und auf die Angst der ohnehin schon Privilegierten, möglicherweise als Teilende zu kurz zu kommen.

Die Legende vom Rosenwunder

Die Fürstin Elisabeth hatte mitbekommen, dass dem reichlichen Leben auf der Wartburg das darbende Leben der Menschen in

Eisenach und in der ganzen Umgebung gegenüberstand. Während unten in der Stadt großer Hunger herrschte, fehlte es in der Burg an den gedeckten Tischen der Fürstenfamilie an nichts.
Da beschloss die Fürstin Elisabeth, von ihrem Reichtum zu teilen. Das gefiel weder ihrem Ehemann noch der Schwiegermutter, und beide sagten: „Das Leben der Armen geht dich nichts an."
Elisabeth aber, die sich das Leben und die Gerechtigkeit Jesu zum Vorbild ihres eigenen Lebens nehmen wollte, brachte im Geheimen Brot aus der Burg in die Stadt, um den schlimmsten Hunger zu lindern.
Als sie eines Tages durch eine verborgene Tür die Burg heimlich verlassen wollte, um in einem großen Korb Brot zu den Hungernden zu bringen, wurde sie von einer Dienerin an den Fürsten Ludwig[3] *und an seine strenge Mutter verraten.*
Die beiden lauerten Elisabeth auf, und als sie durch das Tor treten wollte, stellten sie sie.
„Es ist dir untersagt worden, dich um die Hungernden in der Stadt zu kümmern", sagten die beiden und forderten, dass Elisabeth das Tuch von dem Korb nehmen solle, in dem sie das Brot wegbringen wollte.
Als die junge Fürstin diesem Befehl ihres Mannes und seiner Mutter folgte, lagen im Korb keine Brote, sondern Rosen.
„Die wollte ich auf die Gräber der Gestorbenen legen", sagte Elisabeth.

Zwei biblische Geschichten erzählen von der Gerechtigkeit, um die sich Elisabeth bemühte. Beide Geschichten lassen sich in der

3 Nach einer anderen Lesart ist der männliche Part in dieser Geschichte Elisabeths sadistischer Beichtvater, Konrad von Marburg gewesen

ökologischen Diskussion als Kronzeugen dafür verwenden, dass Christ*innen sich in der Nachfolge Jesu um eine neue Weltgerechtigkeit Gedanken machen sollen, zu der es gehört, dass freundliches Teilen als ebenso elementar angesehen wird wie neidloses Gönnenkönnen.

Picknick im Grünen
(Markus 6, 34 – 42)

Jesus predigt zu einer großen Menge, die extra herbeigekommen ist, um ihn zu hören. Die Menschen wollen hören, wie er vom Frieden erzählt, wie er ihnen sagt, dass gerechte Lebensverhältnisse mit Gottes Hilfe möglich sind.
Jesus predigt so, dass man ihm gut zuhören kann. Kein bisschen langweilig, irgendwie aus dem prallen Leben, und da merken die Leute gar nicht, wie die Zeit vergeht. Und wenn die einen gehen, kommen andere, die hören wollen.
Mit Blick auf die untergehende Sonne kommt Bartholomäus, einer der Freunde Jesu, zu ihm und stößt ihn mitten im Satz in die Rippen.
„Jesus, es ist spät geworden. Wir sind hier in der Mitte von Nirgendwo, und die meisten Leute haben einen weiten Fußweg zurück in ihre Dörfer. Du musst sie jetzt verabschieden, damit sie rechtzeitig zum Abendbrot zu Hause sind."
Jesus schaut Bartholomäus und auch die anderen Freunde an. „Ich habe von gelingender friedlicher Nachbarschaft gepredigt, davon, dass Gott für alle Menschen genug Nahrung geschaffen hat und davon, dass gerechtes Teilen einen Ausweg aus vielen Krisen weist."

Jesus macht mit beiden Armen eine ausladende Geste.
„Nun laden wir alle diese Menschen ein, hier gemeinsam ein abendliches Picknick zu veranstalten. Wir sorgen für das Abendbrot."
Die Freunde sind entsetzt.
„Hast du mal gezählt, wieviele Menschen das hier sind?", fragt Simon.
„Ich habe sie zwar auch nicht gezählt, aber es sieht aus, als wären es 5 000."

„Ungefähr, wenn man etwas übertreibt", lächelt Matthäus.
„Um jedenfalls für so viele Menschen Essen zu kaufen, müssen wir nahezu unsere ganzen Ersparnisse opfern", sagt Bartholomäus.
„Was haben wir denn an Essen da?", fragt Jesus.
„Einige Brote und Fische", können die Freunde berichten.

„Dann sag den Leuten, dass sie zu Brot und Fisch eingeladen sind", sagt Jesus. „Wir feiern heute die Aktion Brot für die Welt. Wir feiern, dass geteiltes Essen für alle reicht, wenn man bereit ist es herzugeben."
Dann fordert Jesus die Menschen auf, sich zu dem angekündigten Picknick hinzusetzen. Er spricht über den Broten und den Fischen das Dankgebet. „Aller Augen warten auf dich, Vater, und du hast Speise für sie. Du sättigst alles, was lebt, wenn Neid und Gier keine Rolle spielen. Danke! Amen."
Dann beginnt das große Teilen – und tatsächlich reicht, was nicht genug zu sein schien, für alle, die da sind. Und manche können sogar noch ein Hasenbrot mit nach Hause nehmen.

In der wörtlich von Martin Luther übersetzten Version dieser Geschichte über die Speisung der 5 000 ist davon die Rede, dass wunderbarerweise nach der Verteilung von Brot und Fisch noch 12 Körbe mit Brocken aufgesammelt werden konnten. Mit Blick auf die Hungerregionen dieser Welt im dritten Jahrtausend werden die 12 Körbe zu den Resten, die die Wohlstandgesellschaften dieser Welt täglich und jährlich an guten Lebensmitteln vernichten. Brot, das geteilt werden könnte – und der Begriff „Brot" ist damit ein Jokerwort für Lebensmittel im wahrsten Sinne des Wortes – wird im Gegensatz zu der Geschichte, die die Evangelisten von Jesus erzählen, nicht gesammelt, sondern weggeworfen. Während also die einen sich an fünf Broten und wenigen Fischen überfressen, den Weg des gerechten Teilens nicht konsequent gehen, sondern vor allem klagen, dass der Hunger in der Welt größer ist, als er mit dem eigenen Geld bezahlt werden könnte, werfen sie gleichzeitig Lebens-Rettungs-Mittel in den Wohlstandmüll.

Denen, die alles haben und denen ein Platz an der Sonne des Lebens gegeben ist, erzählt Jesus eines seiner Gleichnisse, in dem er schildert, wie er sich den Himmel der Gerechtigkeit vorstellen kann.

… den Letzten beißen nie mehr die Hunde

(Matthäus 20, 1 – 16)

„In Gottes neuer Welt läuft es wie in meiner kleinen Geschichte, die ich euch erzähle“, sagt Jesus zu denen, die auf der Sonnenseite des Lebens stehen.
*Und dann beginnt er: „Ein reicher Mann besitzt Weinberge. Weil er die ganze Arbeit nicht allein schaffen kann, die in diesen Weinbergen nötig sind, hat er Angestellte. Zur Zeit der Lese aber braucht er noch mehr Arbeiter. Leiharbeiter, die darauf angewiesen sind, dass jemand nach ihrer Arbeitskraft fragt. Diese Arbeitskräfte – Frauen und Männer – treffen sich morgens am Marktplatz und haben ein Schild: Suche Arbeit! Nun geht der Besitzer des Weinbergs am frühen Morgen um 6 Uhr und pickt sich einige der wartenden Arbeiter*innen heraus. ‚Ich gebe euch Arbeit in meinem Weinberg und ihr bekommt dafür genug Geld, um davon leben zu können.“*
*Als der Weinbergbesitzer merkt, dass er immer noch zu wenige Arbeiter*innen hat, geht er um 9 Uhr noch mal und findet weitere Arbeitssuchende.*
„Ich möchte, dass ihr in meinem Weinberg arbeitet. Ich gebe euch einen gerechten Lohn!“
Das geschieht den Tag über noch um 12 Uhr und um 15 Uhr. Immer noch stehen da Arbeitssuchende. Und jedes Mal sagt der Weinbergbesitzer sein Sprüchlein: „Ich möchte, dass ihr in meinem Weinberg arbeitet. Ich gebe euch einen gerechten Lohn!“
Als er um 17 Uhr immer noch einige verzweifelt Dastehende sieht, sagt er es auch zu ihnen: „Ich möchte, dass ihr in meinem

Weinberg arbeitet. Ich gebe euch einen gerechten Lohn!"
Abends kommt es zur Auszahlung des Lohns. Zuerst sind die dran, die als Letzte noch gefragt wurden.

Staunend sehen die, die den ganzen Tag, den halben Tag oder den viertel Tag gearbeitet haben, wie der Weinbergbesitzer diesen Frauen und Männern so viel Geld auszahlt, wie man für einen ganzen Tag bekommen würde. Dazu sagt er: „Ich möchte, dass ihr heute gut leben könnt und diese Summe ist dafür nötig."
Im Geheimen rechnen alle nach. „Wenn die so viel bekommen, dann kriegen wir sicherlich deutlich mehr."
Aber so läuft es nicht.
Auch die anderen, die neun, sechs oder drei Stunden gearbeitet haben, bekommen genau dieselbe Summe, wie die zuletzt noch Eingestellten.

Da maulen sie. „Das ist ungerecht!“
„Das ist keine faire Behandlung!“
Der Weinbergbesitzer sagt: „Warum? Das ist der Lohn, den ich ausgemacht hatte. So viel braucht ihr zum Leben. Ehrlich gesagt hätte ich gedacht, dass ihr euch mit den Zuletztgekommenen freut, dass es heute auch für sie ausreicht. So ist Himmel: **Genug für alle!** *Macht euer Anspruchsdenken und euer Verständnis von Gerechtigkeit nicht zum Maßstab der Güte des Himmels.“*

Martin von Tours – Frieden

Martin von Tours ist sicher einer der bekanntesten „Künstler des Lebens“ oder „Heiligen“. Er hat im vierten Jahrhundert gelebt. Geboren ist er wohl im Jahr 316 und gestorben ist er im November 397. Bis heute feiern ungezählte Einrichtungen für Kinder seinen Martinstag am 11. November. Die wichtigste Legende, die von ihm erzählt wird, ist die „vom geteilten Mantel“. Wie auch bei den anderen „Künstlern des Lebens“ mit Gottes Willen kann man ihn sowohl als beispielhaften Menschen für Gerechtigkeit und Heil nennen, als auch für den Frieden. Weil er der Legende nach seinen Mantel mit seinem Schwert teilte, gilt Martin von Tours als jemand, der die Vision des Propheten Jesaja exemplarisch erfüllte. Das Schwert wurde zwar nicht zur Pflugschar, wie es bei Jesaja heißt, aber es wurde von einem todbringenden zu einem lebensermöglichenden Instrument umgewidmet. Das Schwert wird nicht zum Herrschen benutzt, sondern zum Teilen. Für die Ökologiebewegung lässt sich der Leitsatz sagen: „Wo es nicht mehr darum geht, wer die Macht hat und auch behalten will, wird gerechtes Teilen möglich." Während von *Hanna Arend* der Satz stammt, dass die Gewalt dort beginnt, wo die Macht aufhört, könnte man diesen Satz so umdrehen, dass gesagt wird: „Wo die Gier nach Macht nicht mehr das Leben bestimmt, wird Friede zur Tatsache."

In der Legende von Sankt Martin bringt der Soldat und Gentleman das Jesuswort, das Jesus bei seiner Gefangennahme zu den Jüngern sagt, in eine friedenspolitische Kehre. „Wer das Schwert zieht und zum Teilen benutzt, der kann damit Leben retten."

In der römisch-katholischen Kirche gilt der Heilige Martin als der erste wegen seines Glaubens heiliggesprochene Mensch. Während alle anderen davor als Märtyrer heiliggesprochen wurden, die um des Glaubens an Jesu willen getötet wurden, hat sich der Glaube an den „Friedensfürst" Christus im Alltag des Soldaten Martin bewährt. Natürlich wird Martin sein Schwert vor der Begegnung mit dem Bettler auch zum Töten von Feinden eingesetzt haben. Die Legende allerdings bekräftigt die grundsätzliche Möglichkeit zur Umkehr, von der bereits mehrfach gesprochen wurde.

Neben der den Kindern erzählten Erbarmungsgeschichte des Ritters über den Bettler weist die Legende vom geteilten Mantel auch darauf hin, dass zu jeder Friedensgeschichte die Fantasie gehört, sich von der kriegerischen Wirklichkeit der Welt zu verabschieden. Fantasien vom Frieden prägen die Friedensbewegung, die sich in die ökologische Bewegung ohne Schwierigkeiten einpassen lässt.

Nie wieder Krieg! steht auf den Plakaten oder *Stell dir vor, es ist Krieg und niemand geht hin.*

Berühmt geworden ist in der friedlichen Revolution in Deutschland das aus biblischer Fantasie geborene *Schwerter zu Pflugscharen* (Micha 4, 3) und natürlich *John Lennons Imagine all the people livin' life in peace.*

Ein Offizier und Gentleman

Martin ist ein Offizier in der Armee des Kaisers. Manche Schlacht hat er geschlagen, und nun ist er mitten im Winter mit einigen seiner Männer auf dem Weg in die Kaserne. Gut gerüstet haben die Soldaten unter Martins Befehl gekämpft. Sie haben Schwerter und Lanzen und Martin reitet ein beachtliches Ross.

Natürlich hat Martin schon mal von diesem Jesus gehört, der auch einige Anhänger unter den Soldaten hat. Er soll ein Mensch gewesen sein, der von militärischer Gewalt nichts hielt und den Frieden über alles gelobt und geliebt hat.

Martin erreicht mit seinen Leuten ein kleines Dorf. Plötzlich scheut an einer Hausecke sein Pferd. Etwas liegt von Schnee bedeckt im Weg.
Es ist ein Bettler.
Nur mit einem leichten Anzug bekleidet sitzt er da, ist halb erfroren und hebt stumm die Hände zum ehrfruchtgebietenden Offizier auf seinem Pferd.
Martin zieht sein Schwert.
Seine Männer fürchten schon, dass er diesem elenden Leben mit einem schnellen Streich ein Ende setzen wird. Staunend sehen sie dann aber, wie Martin den kostbaren Mantel, der ihn beneidenswert warm in dieser Kälte hält, mit einem geübten Schwertstreich in der Mitte durchteilt.
Mit freundlichen Worten gibt er die eine Hälfte dem bettelnden Menschen und reitet dann wortlos weiter.
Seine Soldaten staunen.
Martin teilt in Zukunft sein ganzes Leben mit Jesus, legt das Schwert beiseite und wird erst Priester und dann sogar Bischof.

Beim Lesen der Bibel des Neuen Testaments muss man sich immer wieder klarmachen, dass im Umfeld der Zeit, in der die Schriften entstanden sind, kriegerische Auseinandersetzungen und die Präsenz römischer Soldaten zum Alltag der Menschen gehörten, die in jenen Tagen des ersten Christentums lebten und sich zu Fragen des christlichen Glaubens äußerten. Das hat Konsequenzen bis in die Sprache.

Heute ist es vielen Menschen deutlich, dass Sprache auch Wirklichkeit schafft. Und in der ökologischen Debatte wird man bemüht sein müssen, militärische Begriffe für die Durchsetzung der politischen Ziele zu vermeiden. Hier ist sogar sprachliche Fantasie gefordert, die der Militaria-Sprache neue Worte entgegensetzen kann.

So wird man zum Beispiel eher von der Mühe oder der Aufgabe sprechen, sich gegen die weitere Umweltverschmutzung einzusetzen, als vom „Kampf" gegen das Unrecht an der Umwelt zu reden.

Eine Behutsamkeit der Sprache, Gewaltlosigkeit der Begriffe gehört zu den zu lösenden Aufgaben im Gegenüber zur Gewalt, zur Ungerechtigkeit und zur Friedlosigkeit.

Von dieser behutsamen Sprache hat der Verfasser des Epheserbriefes natürlich keine Ahnung und sieht dazu auch keine Notwendigkeit, wenn er zur Abkehr von Gewalt und zur Suche nach Frieden auffordert. Für den Schreiber dieses neutestamentlichen Briefes, bei dem es sich entgegen landläufiger Meinung wohl nicht um den Apostel Paulus, sondern um einen seiner Schüler handelt, bietet die „Militaria-Sprache" ein Bild, das die Leser*innen unmittelbar verstehen, weil ihnen der römisch gekleidete Soldat auf Schritt und Tritt begegnet. Solche „gewaltige" Sprache führt heute auf falsche Spuren, war damals allerdings eine sehr subtile Kritik am römischen Militarismus und Imperialismus.

Christlicher Glaube bedeutet nicht länger Kampf gegen das Böse, sondern Herausforderung zum Guten. Anstrengung zur Weltverbesserung auf einem Weg der Liebe.

Für Christ*innen, die sich für den Frieden in der Gegenwart und Zukunft stark machen, wäre es eine gute Übung, sich bewusst zu machen, dass Sprache Wirklichkeit schafft und dass darum manche althergebrachten und traditionellen Formulierungen der Kirche und des Glaubens neu gefunden und gebildet werden müssen. Es kann nicht länger darum gehen, kampfbereit den Feinden des Evangeliums oder Gottes entgegenzutreten, sondern es muss darum gehen, zeitgemäß, friedensliebend und darum mit fantasievoller Kommunikationsbereitschaft jenen zu begegnen, die anders denken und anders handeln. In diesem Sinne wird auch der radikale Flügel der ökologischen Bewegung dazu kommen müssen, dass jede Form von Gewalt, eben auch die gewaltige Sprache, keine wirklichen Veränderungen bringen wird.

Das Kleid des Glaubens
(Epheser 6, 10 – 17)

> *Worum es im christlichen Leben letztendlich geht, liebe Geschwister, ist, dass ihr gewiss bleibt, dass Gott auf eurer Seite steht und dass ihr auf der Seite Gottes steht.*
> *Es gibt Mächte, die mit List versuchen, euch ungeschützt von der Gewissheit zu erwischen, dass Gott bei euch ist. Diese Mächte, ich sage mal: Diese dunklen Mächte haben Mittel und Wege, euch mitten in eurem Alltag zu kriegen. Deshalb bereitet alles vor, was ihr braucht, wenn diese dunklen Mächte zu euch kommen, um nicht in ihre Gewalt zu fallen.*
> *Bleibt fest und immer bei der Wahrheit.*
> *Tragt mit Stolz Gerechtigkeit vor euch her.*
> *Bleibt in den Fußstapfen jener, die das Evangelium des Friedens lieben.*
> *Umgebt euch mit dem Schutzschirm des Glaubens, damit es euch nicht umwirft, wenn Böses auf euch herabregnet.*
> *Zeigt schon von weitem sichtbar, dass ihr an Christus als Retter glaubt.*
> *Bleibt behütet und beschützt mit dem Wort Gottes.*
> *Betet, dass das alle Menschen so machen, denen ihr begegnet.*

Dass Jesus vor allem als Friedensbringer in die Welt des Glaubens kommt, betonen die Evangelisten immer wieder. Dieses Attribut gilt selbst dann, wenn in der Krise, die die Begegnung mit Jesus immer auch bedeutet, trennende Entscheidungen gefällt werden müssen. Jesus sagt zwar: *Wer nicht für mich ist, der ist gegen mich* (Matthäus 12,30), das aber macht den Gegner nicht zum Feind, der mit der Waffe bekämpft werden muss. Es zeigt in einer sprachlich beeindruckenden Klarheit, dass Jesus auch mit Opposition umzugehen bereit ist.

Die Aufgabe der Menschen, die Jesus nachfolgen, ist dabei immer eine Friedensaufgabe. Der Evangelist Matthäus erzählt, wie Jesus zweiundsiebzig Jünger*innen zur Predigt des Evangeliums als Friedensbot*innen aussendet.

Friede sei mit Dir!
(Matthäus 10, 7 ff)

> *Jesus schickte zweiundsiebzig Frauen und Männer in die Dörfer und Städte. „Es ist viel Arbeit, die auf euch wartet, wenn ihr als weltverbessernde Menschen losgeht. Betet darum, dass sich immer mehr finden. Euer Risiko ist, dass ich euch zur Sanftmut ermahne in einer Welt der Gewalt. Ihr seid wie Lämmer unter Wölfen. Ihr sollt euch nicht an den Machtkämpfen draußen in der Welt beteiligen und keine faulen Kompromisse eingehen.*
> *Wenn ihr den Menschen draußen in der Welt begegnet, dann grüßt sie mit dem Friedensgruß:* **‚Friede sei mit dir!'**
> *Wo dieser Gruß angenommen wird, wird er wachsen.*
> *Will jemand ihn nicht hören, was schadet es? Gar nichts! Geht einfach weiter und sagt zu den nächsten, die ihr trefft:* **Friede sei mit dir!"**

Rambo im Neuen Testament
(Matthäus 21) – ein Widerspruch

Nach dem erzählerischen Willen des Evangelisten Matthäus gibt es eine Geschichte in seinem Evangelium, die die Friedenssehnsucht und die Friedensbotschaft Jesu in Frage stellt. Es geht in einer angeblich von Jesus erzählten Szene um Menschen, die einen Weinberg von einem weit weg wohnenden Eigentümer gepachtet haben.

Jesus erzählt einer Gruppe von Leuten, die ihm gern zuhören wollen, das Folgende: „Liebe Leute, ich will euch etwas erzählen. Und wenn ich mit meiner Erzählung fertig bin, dann habe ich eine Frage an euch, die ihr mir beantworten sollt. Meine Geschichte handelt von einem Weinbergbesitzer, der seinen Weinberg mit Liebe und Mühe und viel Arbeit hergerichtet hatte. Als alles fertig war – sogar die Gerätschaften für die Winzer hatte der Mann bereitgestellt – ging er geschäftlich außer Landes. Den Weinberg verpachtete er. Schließlich sollte sich darum gut gekümmert werden, dass auf dem Land guter Wein wachsen konnte.
Als die Zeit der Weinlese herum war, beauftragte der abwesende Besitzer seine heimischen Verwalter, die Pacht einzuziehen. Die angestellten Winzer aber benahmen sich, als gehöre der Weinberg ihnen. Sie spielten den Verwaltern übel mit. Ließen sie gar nicht zu Wort kommen, drohten Gewalt an und vertrieben die Leute des Weinbergbesitzers. So ging das natürlich nicht. Also schickte der Weinbergbesitzer nochmal seine Leute zu den Winzern, die ihnen sagten: „Wir sind hier, um die Pacht abzuholen, die ihr unserem Herrn, dem Weinbergbesitzer,

schuldet."
Die bösen Winzer aber behandelten auch diese Angestellten nicht besser, drohten mit Gewalt, spielten den Angestellten des Besitzers übel mit.
Als der Weinbergbesitzer davon hörte, wie die von ihm angestellten Winzer so böse und gewaltsam auf die Forderung der Pacht reagierten, schickte er seinen Sohn hin, um mit den Winzern zu verhandeln.
„Du bist mein Erbe, dich werden sie schon anständig behandeln", sagte er zu ihm.
Das Gegenteil war der Fall.

Als die bösen Winzer den Sohn sahen, sprachen sie untereinander: ‚Der erbt das mal alles. Wenn wir ihn beiseiteschaffen, erheben wir Anspruch aufs Erbe!' Da töteten die Winzer den Sohn des Weinbergbesitzers."
Es entsteht eine geschockte Pause unter den Zuhörenden.

Jesus lässt ihnen Zeit, zu bedenken, was in der Geschichte geschehen ist. Dann fragt er: „Was denkt ihr, wird der Besitzer des Weinbergs jetzt tun?“ Die Antwort ist für die zuhörenden Leute einfach: „Der Besitzer wird kommen und den bösen Weingärtnern ein böses Ende bereiten. Mit starken und gut bewaffneten Männern wird er ihnen den Weinberg wegnehmen und sie bestrafen. Vielleicht sogar mit dem Tod.“

Bei dieser Erzählung handelt es sich um ein durchaus bis heute realistisches Szenario.

Die Antwort der Zuhörenden entspricht den Erwartungen des so genannten wirklichen Lebens. Die landläufige Meinung ist natürlich die, dass man solches Unrecht nicht ungestraft lassen kann und dass auf einen „groben Klotz ein grober Keil“ gehört.

Ausgedrückt wird das auch in dem Sprichwort *Wer Gewalt sät, wird Gewalt ernten* oder in der leicht hingesagten Redewendung *Wie du mir, so ich dir.*

Dabei passt dieses Konzept des „Gegenschlags“ überhaupt nicht in das Programm der Friedensbotschaft Jesu. Hier müsste die von Matthäus erzählte Geschichte „umgearbeitet“ werden.

Während Jesus nämlich in seiner Verkündigung das Naturgesetz von „Gewalt und Gegengewalt“ immer wieder ablehnt und so dem Himmel der anderen Möglichkeiten das Wort redet, findet sich in dieser Geschichte von den „bösen Winzern“ genau dieser von ihm ansonsten abgelehnte Gegenschlags-Mechanismus.

Dieser Mechanismus bedeutet, dass dem Bösen mit Bösem begegnet wird. Es gibt kein Konzept „guter Gewalttätigkeit gegen andere“ in der Predigt Jesu. Dazu muss nicht allein an die Bergpredigt erinnert werden, die die Sanftmütigen und die Friedfertigen als selig preist, sondern dazu darf auch der radikal pazifistische Jesus zitiert werden, der sagt: „segnet, die euch fluchen“.

Die Verkündigung Jesu kehrt den Automatismus sich gegenseitig eskalierender Gewalt nicht allein um, sondern an ein Ende. „Ihr habt gehört, dass gesagt ist: *Du sollst deinen Nächsten lieben und deinen Feind hassen. Ich aber sage euch: Liebt eure Feinde …* " (Matthäus 5, 43 – 44)

Solche von nicht wenigen sich für Realist*innen haltenden Menschen „absurde" Forderung hat ihren Grund im Gottesverständnis Jesu, das auch heute noch geprüft werden muss.

Für Jesus bleibt Gott immer derjenige, der die Freiheit des Handelns ganz auf seiner Seite hat. Gott hat es nicht nötig, zu reagieren, sondern er bleibt immer frei zu agieren. Das heißt, dass es für Gott keinen Sachzwang gibt, in einer Sache so oder so zu handeln. Er bleibt immer frei davon aus dem Wald so herauszurufen, wie hineingerufen wurde.

Diese unbedingte Freiheit, dass Gott nicht auf vermeintliche Sachzwänge reagieren muss, sondern immer das ganz Andere tun darf oder der ganz Andere sein kann, macht ihn zu dem Gott, der die Engel in der Weihnachtsgeschichte singen lässt: „Nun soll es werden Frieden auf Erden …". Dabei ist der Friede immer auch eine Neuschöpfung Gottes. Er ist eine Folge seines freien Handelns und er ist niemals der zweite Schritt, der auf den ersten Schritt reagiert, sondern Friede ist immer der erste Schritt, der gewagt wird. Das heißt: Der Friede hat immer zur Voraussetzung, dass er sich nicht als Reaktion versteht, sondern als Aktion.

Das kann auch der Grund sein – neben der Tatsache, dass es tatsächlich ortsüblich war -, warum Jesus seinen Freunden und auch seinen Feinden oder Widersachern grundsätzlich mit dem Gruß begegnet: *Friede sei mit Euch!* In diesen Worten verbirgt sich der Beginn einer neuen Zeit und einer neuen Möglichkeit der Begegnung.

Nimmt man nun diese Überlegungen ernst, so müsste in diesem Sinne die Geschichte von den bösen Weingärtnern – in Parallelität zur sonstigen Verkündigung Jesu – ganz anders enden.

„… Da töteten die Winzer den Sohn des Weinbergbesitzers."
„Der Vater, der den Sohn verloren hat, denkt tatsächlich zuerst an Rache, aber dann wird ihm klar, dass neue Gewalt die bösen Weingärtner nicht gut machen wird. Wahrscheinlich werden ihre Leute nach einem Angriff gegen sie, sich wieder an seinem Haus rächen. Und so kommt eine Spirale der Gewalt ins Leben, die nicht zu beenden oder zu beherrschen ist. Das Böse wird sich überschlagen und treibt die Welt ins Chaos. Rüstung und Nachrüstung. Schrecken um Schrecken …!"
Jesus macht eine seiner bei manchen Zuhörenden schon gut bekannten Pausen und dann spricht er weiter: „Nein! Der Weinbergbesitzer wird selbst zu den bösen Winzern gehen. Sich selbst und sein Leben dem Risiko der Feindschaft aussetzen und wird mit den Winzern reden. Wird fragen: ‚Welchen Kompromiss können wir finden …?'" Die bösen Winzer werden über seinen Mut staunen und werden beginnen nachzudenken. Fantasie, nach neuen Möglichkeiten zu suchen, ist gefordert. Und dann wird es eine Lösung geben. Vielleicht ist die Lösung auch die, dass der Weinbergbesitzer auf seine Ansprüche verzichtet. Alles ist besser, als sich gegenseitig totzuschlagen.

Der Apostel Paulus hat einen Friedenstext in seinem Römerbrief geschrieben, den jemand wie St. Martin durchaus in Kopf und Herz gehabt haben könnte, als er sein Schwert so umbaute, dass es nicht mehr zum Kämpfen und zum Töten, sondern zum Teilen und zum Leben beschenken genutzt werden konnte.

Ein friedliches Navigationssystem
(Römer 12, 1 – 21)

Liebe Leute, verfälscht das Liebesgebot nicht, indem ihr Böses Gutes nennt.
Lasst euch nicht von Konkurrenz untereinander bestimmen, die die Liebe einlullt.
Behaltet immer ein Brennen im Herzen, das Gott dienen will.
Gebt die Hoffnung auf Weltverbesserung nicht auf,
bleibt geduldig dran an diesem Projekt
und hört nicht auf dafür zu beten, dass Gott in der Welt Gutes wirkt.
Lasst euch die Not der anderen niemals egal werden
und öffnet euer Haus und euer Land für Menschen ohne Haus und Land.
Findet gute Worte, wenn andere euch fies und verächtlich beleidigen.
Bleibt immer solidarisch.
Setzt euch nicht auf das hohe Ross eurer eigenen Klugheit und Tüchtigkeit.
Antwortet auf Böses nicht mit Bösem.
Versucht Gutes zu denken und Gutes zu tun
und betrachtet selbst Feinde als Herausforderung zum Frieden.
Lasst es nicht zu, dass das Böse euch selbst zu Bösen macht,
sondern bleibt immer die Guten.

Nikolaus – Zukunft

Nikolaus ist vielleicht der bekannteste unter allen „Künstlern des Lebens“ mit Gott. Den 6. Dezember als Nikolaustag erwarten Kinder mit großer Ungeduld, weil sie dann Süßigkeiten vom Nikolaus gebracht bekommen.

Zwischen 280 nach Christus und 290 nach Christus wurde *Nikolaus in Patara* im damaligen Lykien geboren. Heute gehört dieses Gebiet zur Türkei.

Über Kindheit und Jugend weiß man nichts, allerdings gibt es Quellen, die belegen, dass Nikolaus etwa 300 zum Bischof von Myra geweiht wurde. Er war also noch sehr jung.

An einem 6. Dezember ist Nikolaus gestorben. Das genaue Todesjahr steht nicht fest. Sein Tod war irgendwann zwischen 345 und 351.

Der Heilige Nikolaus wird als „Schirmherr“ dieses Teils über die Zukunft gewählt, weil ihm von der Tradition besondere Freundschaft zu den Kindern zugeschrieben wird.

Der Fensterwurf von Myra

Bischof Nikolaus liebte es, nach Einbruch der Dunkelheit durch die Straßen Myras zu streifen. Eines Abends kam er an einem Haus vorbei, aus dem der Bischof lautes Kinderweinen hörte. Durch das geöffnete Fenster hörte Nikolaus, was dort ein verwitweter Vater seinen drei Kindern beibrachte. „Ich werde euch weggeben müssen", sagte der Vater. „Ich habe keine Arbeit und kein Geld, um euch anständig zu ernähren. Ihr werdet zu reichen Leuten gegeben, damit ihr nicht verhungern müsst."
Laut weinend verstanden die Kinder die Not des Vaters nicht und riefen schluchzend: „Wir wollen aber bei dir bleiben. Dies ist unser Zuhause. Wir wollen nicht weggegeben werden."
„Es nutzt nichts", wurde der Vater harsch. „In drei Tagen werdet ihr weggegeben."
Nikolaus konnte das Weinen der Kinder nicht ertragen. Er ging nach Hause und nahm vom Schatz der Kirche in Myra einen Batzen Geld. Schließlich war er Bischof und sein Amt erlaubte ihm, finanzielle Mittel auszuschöpfen, die andere gar nicht hatten.
Das Geld tat er in einen Beutel und ging zurück zu dem Haus mit dem offenen Fenster. Als er sicher war, dass alle im Haus schliefen, warf er den Beutel durch das Fenster und hatte einen Zettel daran befestigt, auf dem stand: „Dieses Geld ist für euch!" Dann verschwand er unerkannt.
Am nächsten Morgen war die Freude riesengroß im Haus. Der Vater sah das viele Geld und sagte zu den Kindern: „Das reicht für uns alle für eine lange Zeit. Ich werde euch nicht weggeben."

In der ökologischen Krise unserer Zeit wird immer wieder betont, dass eine bewohnbare und schöne Welt für zukünftige Generationen erhalten bleiben muss. Für diese Generationen stehen die Kinder, die jetzt den Bedrohungen der Klimakatastrophe und des möglichen Zusammenbruchs der ökologischen Systeme ausgesetzt werden, ebenso wie die noch ungeborenen Kinder dieser Welt.

Von Jesus wird erzählt, dass auch er sich den Kindern besonders verbunden fühlte.

Ungewollte Bodyguards
(Markus 10)

Eltern bringen ihre Kinder zu Jesus. Er soll ihnen die Hand auflegen und ihnen sagen, wie wichtig sie für Gottes Pläne mit einer guten und friedlichen Zukunft sind.
„Berühre unsere Kinder", wollen die Eltern zu Jesus sagen. „Hilf ihnen, ihr Leben und das Leben der Welt gut und nachhaltig zu gestalten."
Die Freunde Jesu aber, die mit ihm durch das Land ziehen, benehmen sich, als ob sie seine Personenschützer wären. Sie wollen die Eltern und die Kinder nicht zu Jesus vorlassen.
„Die Kinder sind laut", sagen sie.
„Die Kinder verstehen die Welt noch nicht, so wie sie wirklich ist."
„Die Kinder hätten am liebsten Gummibärchen an der Macht."
„Den Kindern ist die große Politik egal."
Jesus bekommt mit, wie seine Freunde dastehen und den Weg zu ihm versperren.

Laut ruft er: „Lasst die Kinder zu mir kommen. Hört auf, euch Argumente auszudenken, die ein Mitspracherecht der Kinder bei der guten Gestaltung der Welt ausschließen sollen.“
Als die Kinder bei Jesus stehen und er ihnen die Hände auflegt, sagt Jesus zu den Erwachsenen: „Eines sage ich euch ganz deutlich: Wenn ihr Großen eure Kinderträume vom Frieden und vom liebevollen Spiel mit allen Kreaturen auf dem Weg des Erwachsenwerdens nicht ein bisschen bewahrt, dann bleibt der Himmel auf Erden nur eine Fantasie.“

Nikolaus trägt den Namen eines neutestamentlichen Menschen. In der Apostelgeschichte wird davon erzählt, dass die Gemeinde der Jesusleute in Jerusalem so groß geworden war, dass das Predigtamt und das gleichzeitige Amt der Versorgung der Armen nicht mehr von den Aposteln allein versehen werden konnte.

Es kam in der jungen christlichen Gemeinde zur Wahl von Armenpflegern oder – wie man sie später nennt – Diakonen. Nikolaus, nach dem sich später der Bischof von Myra benannte, war einer von ihnen.

Diakonie ist ein griechischer Begriff und bedeutet „Dienst“. In der Kirche wurde daraus „Dienst am Nächsten“. Es geht dabei um eine Haltung und diese Haltung ist die gelebte Hinwendung zu den Bedürftigen in der Welt.

Im Sinne dieses Buches gibt es auch eine Diakonie gegenüber der Zukunft. Sie bedarf sogar der besonderen Pflege. Die Diakonie gegenüber der Zukunft ist dabei natürlich in erster Linie den Menschen verpflichtet. Aber diakonisches Handeln schließt eine nachhaltige Behandlung der gesamten Schöpfung ein. Es gibt eine Geschichte, die der Evangelist Lukas in seinem Evangelium erzählt, die zur Beispielgeschichte für jede Form der Diakonie wurde.

Der Purzelbaum der Liebe
(Lukas 10)

Jesus wird einmal gefragt, was denn ein „Nächster" wäre. Diese Frage kommt daher, dass Jesus seine Bibel des Alten Bundes zitiert hat, indem er sagte: „Du sollst deinen Nächsten lieben wie dich selbst."
Wie so oft antwortet Jesus mit einer Geschichte und beginnt: „Ein Mensch war auf dem Weg von Jerusalem nach Jericho. An einer unübersichtlichen Stelle des Weges wurde er von diebischem Gesindel überfallen. Rücksicht kannten die nicht, hieben auf ihr Opfer ein, bestahlen den armen wundgeprügelten Mann und ließen ihn halbtot und nahezu nackt am Straßenrand liegen.
Nun kam – Gott sei Dank – ein Mensch aus Jerusalem vorbei. Einer wie der, der da lag, und dringend Erste Hilfe brauchte. Der sah den Zusammengeschlagenen liegen, nahm aber selbst die Beine in die Hand und rannte schnell weg von dem Ort. Das Opfer der diebischen Bande stöhnte vor Schmerz und Einsamkeit.
Da kam – Gott sei Dank – ein anderer Mensch aus Jerusalem vorbei. Einer, der normalerweise viel mit dem Überfallenen gemeinsam hatte. Der hörte das Stöhnen, sah den Halbnackten liegen, dachte wohl an seinen engen Terminkalender – und nahm auch die Beine in die Hand. Rannte weg.
Da kam – die Hoffnung war schon fast aufgegeben – ein dritter Mensch vorbei. Ein Ausländer, einer, der gar nicht hierhin gehörte, einer von den sogenannten Fremden. Ein Kaufmann aus Samarien.

Als der den Überfallenen liegen sah, zügelte er sein Reittier, ging zu ihm, sprach ihn freundlich an, packte feine Tücher aus, begoss die Wunden mit Wein und Öl und verband den Geschlagenen.

„Danke", hauchte der Überfallene.
Aber das reichte dem Fremden noch nicht. „Setz dich auf mein Tier. Ich bringe dich zu einer Herberge, von der ich von meinen Reisen weiß, dass sie hier in der Nähe ist. Da schaue ich mir deine Wunden noch mal genauer an."
„Danke", hauchte der Überfallene, als er im Bett in der Herberge lag.
Aber das reichte dem Fremden noch nicht.
Aus seinem Geldbeutel zog er Geld, gab es dem Wirt der

Herberge, sagte: „Das ist für Kost und Logis des Mannes, den ich dir verletzt gebracht habe."
„Danke", hauchte der Überfallene, als er sah, wie der Fremde dem Wirt das Geld gab.
Aber das reichte dem Fremden noch nicht.
„Kümmere dich um ihn", bat der Fremde den Wirt. „Und wenn das Geld, das ich dir gegeben habe, nicht reicht, komme ich hier ja wieder vorbei und gebe dir, was dir geschuldet blieb."
Hier bricht Jesus seine Erzählung ab, schaut den an, der gefragt hat, was denn ein „Nächster" wäre und fragt: „Nun sag mir, für wen von den Typen, von denen ich sprach, ist der Überfallene der Nächste gewesen?"
„Für den Fremden, der geholfen hat natürlich", antwortet der so Gefragte.
„Liebe deinen Nächsten heißt: Tu das Gute, das das Nächstliegende ist", lächelt Jesus. „Wenn du deinen Nächsten liebst, handele einfach so wie der Mann aus Samarien."

Es ist kein weiter Weg, um dieses Gleichnis Jesu, das zu den ganz bekannten Bibelgeschichten gehört, ökologisch auszulegen. Der Unachtsamkeit der am Boden liegenden Schöpfung wird Achtsamkeit gegenüber gestellt und das eigene Zielstreben wird der Rücksichtslosigkeit und der Verweigerung von Liebe überführt.

Die geschlagene und geprügelte Schöpfung, die ausgeraubte Schöpfung liegt am Rand des Kollapses und sie wartet darauf, dass es wahrgenommen wird, dass sie um Heilung fleht. Um die pflegende Aufmerksamkeit, die es ihr ermöglich, sich zu erholen und wieder zu dem zu werden, was sie war: *Gottes gute Welt in Kraft und Unversehrtheit.*

Hildegard von Bingen – Heilung

Hildegard von Bingen lebte von 1098 bis 1179. Ihre „Kunst des Lebens“ mit Gott bestand darin, dass sie sich darin ausbildete und dazu Lehrbücher schrieb, wie die Natur heilen kann. Sie gilt – neben ihrem Ruf als Mystikerin – als „die erste Ärztin des Mittelalters“. Die Medizin Hildegards würde heute als „ganzheitliche Medizin“ bezeichnet.

Hildegard konnte davon sprechen und lehren, dass es vor allem drei Dinge sind, die zur Heilung bei Krankheit und damit verbundenem Elend gehören. Der Leib, die Seele und die Sinne müssen eine Einheit bilden, so stellte Hildegard heraus, um Erfahrungen von Heilung zu machen. Das Gleichgewicht von Leib, Seele und weltlicher Erfahrung sind Voraussetzung dazu, dass der Mensch ein gesundes Wesen sein kann.

Für die ökologische Diskussion ist es wichtig, von den Heilkräften zu sprechen, die die Natur bietet. In der Krise wird immer wieder davon gesprochen, dass die Natur „zurückschlägt", in dem sie sich „krankmachend" oder beängstigend den Menschen entgegenstellt.

Dieses vom Menschen gemachte „Feindschaftsverhältnis" widerspricht den Erfahrungen und der Lehre der Hildegard von Bingen. Hildegard sah den Menschen als aktiven Partner Gottes in der Bewahrung der Schöpfung.

Hildegard von Bingen gehörte dem Benediktiner*innen-Orden an und hatte sich, gemäß der Regel dieses Ordens, vor allem der Sorge um die Kranken verschrieben.

Die segenbringenden 500

Immer wieder ist Hildegard in der Bibliothek des Klosters zu finden, wo sie sich vom Bruder Apotheker die Bücher zeigen lässt, in denen sie über die Heilkräfte der Natur lesen kann. Fasziniert liest sie, welcher Tee gegen den bösen Husten helfen kann, der ihre Mitschwestern so oft während der kalten Tage des Winters befällt, und welcher Brei aus welchen gestampften Pflanzen den flüssigen Stuhl wieder fest machen kann. „Bibel und Bücher über das Heilen sind die liebsten Gefährten unserer Schwester", sagt die Äbtissin des Klosters.
Hildegard widerspricht, ohne das Gehorsamsgebot der Nonnen zu missachten.

„Die Bibel selbst ist das Buch vom großen Heilen, Mutter. Es ist Gottes Wille seit den Tagen der Schöpfung, dass die Menschen sich aus der Natur heilen lassen."
Dann geht Hildegard in den großen Kräutergarten des Klosters und besieht sich mit der Schwester, die für die Gärten zuständig ist, was dort an Heilpflanzen wächst und grünt.
„Kamille und Brennnessel, Wacholder und Salbei …", zählt sie die Pflanzen auf, die da stehen, und gemeinsam mit der Schwester nennt sie die Krankheiten, gegen die der Sud, der Salat oder die Salbe hilft.
Manchmal steht Hildegard vor einem Baum oder einen Busch, hat einen rund geschliffenen Stein oder eine Feder in der Hand und wird ganz still.
„Träumst du wieder, Schwester", fragt eine der vorbeikommenden Nonnen.
„Nein", lächelt Hildegard. „Ich nehme die Lebenskraft auf, die in diesem Baum ist und nehme sie mit zu den Kranken, um sie zu heilen."
Die anderen Schwestern schütteln dann manchmal die Köpfe, aber immer wieder sprechen sie respektvoll von ihr als Heilerin, die Seele und Körper zusammenbringen kann.
Hildegard sagt: „Wer Medizin verabreicht, muss seinen eigenen Glauben an den Heilungswillen Gottes mit verabreichen."
Immer wieder sitzt Hildegard im Schreibraum und schreibt auf, welches Kraut gegen welches Leiden gewachsen ist und welche Salbe aus Baumrinde oder Blumen den großen und kleinen Wunden am besten bei der Heilung helfen kann.
Am Ende entsteht ein Buch, in dem sie 500 heilkräftige Pflanzen beschreibt.

Die Natur wieder als Gott gegebenen und Gott gewollten Partner zu verstehen, ist auf dem Weg zum Frieden mit der Schöpfung ein notwendiger Prozess. Dazu gehört auch die Aufgabe, den von Menschen ärgerlich als „Unkräutern" bezeichneten Pflanzen wieder einen Lebensraum und ein Lebensrecht zu lassen. Manche von ihnen werden von Hildegard als Heilkräuter bezeichnet. Die zügellose „Unkrautbekämpfung" mit der chemischen Keule vernichtet nicht allein das unerwünschte Kraut, sondern zerstört das System, zu dem gerade dieses Kraut gehört. Die Selbstüberschätzung des Menschen, die ihm das vermeintliche Recht gibt, zwischen Nutzpflanze und Unkraut zu entscheiden, macht die Natur krank und widersetzt sich so dem Heilungsprozess, der für den Artenreichtum und die Vielfalt natürlicher Ressourcen in der ökologischen Krise unserer Zeit gefordert werden muss.

Schon zu Beginn des Lebens Jesu ahnen – folgt man dem erzählerischen Willen des Evangelisten Matthäus – die Weisen aus dem Morgenland den Zusammenhang von Seele, Leib und Sinn, indem sie ihre Gaben an die Krippe bringen.

Weihrauch für die Seele, Myrrhensalbe für den Leib und Gold für die weltliche Erfahrung.

Dir schenk ich mein ganzes Herz …

(Matthäus 2)

Als Jesus geboren war, fragen sich weise Männer aus dem Osten zum Geburtstort in Bethlehem durch. „Wir haben einen ganz besonderen Stern am Himmel über unseren Wohnorten gesehen", sagen sie. „Ein solcher Stern weist auf die Geburt eines

Herrschers hin, der die Zeiten wenden kann."
Während die Weisen zunächst am Hof des Königs Herodes danach fragen, werden sie von dem ahnungslosen König an seine Gelehrten verwiesen. „Der Ort könnte Bethlehem sein", sagen die Gelehrten.
Tatsächlich finden die Weisen aus dem Osten dort den neugeborenen Jesus, den sie als König einer neuen Zeit preisen. Ihr Herz gehört dem kleinen Mann, der von seinen Eltern flankiert bereits die Herzen der Hirtinnen mit Hoffnung bezaubert hat.
Dieses Kind kann zusammenbringen, was zusammengehört, *denken die Weisen, die die Welt und ihre Abläufe am Himmel und auf der Erde schon lange erforschen. Und weil alles zusammengehört, die Seele, der Leib und die Erfahrungen des Lebens in der Welt, schenken sie dem neugeborenen Kind* **Weihrauch für die Seele, Myrrhensalbe für all die kleinen und großen Wunden,** *die sich Kinder im Leben zuziehen und* **Gold für den Gebrauch im Alltag.**
Und voller Hoffnung, dass es dem Kind gelingen wird, der Welt als Heiler zur gottgewollten Einheit zu begegnen, machen sie sich wieder auf den Weg nach Hause.

Das Ziel des konziliaren Prozesses für *Frieden, Gerechtigkeit und Bewahrung der Schöpfung* lässt sich gut mit dem Begriff der *Heilung für eine geschundene Welt* und für den Zerfall der Einheit von Leben, Lebensumständen und Umwelt zusammenfassen. Dabei ist der Plan der ökologischen Anstrengungen, die die Menschheit unternimmt, um letztendlich einer desaströsen Katastrophe des Klimawandels und der Verwüstung der Erde zu entgehen, mit der Suche nach dem mittlerweile bis zur Unentdeckbarkeit zugewachsenen Tor des Paradieses zu vergleichen.

Ganz sicher wird dieses Tor nicht wieder so gefunden werden, dass die Menschheit hindurch gehen kann, um wie Eva und Adam vor dem Sündenfall in der Einheit von Schöpfer, Schöpfung und Geschöpf in vollkommener Harmonie zu leben.

Da geht's raus
(1 Mose 3, 23 + 24)

Eva und Adam müssen sich eine ziemliche Standpauke anhören. Enttäuschung liegt in Gottes Stimme und auch ziemlicher Ärger in seinem Blick.
„Ich kann euch Menschen nicht mehr trauen", sagt Gott. „Ich habe es als Partnerschaft mit klaren Absprachen gesehen, als ich euch das Paradies zum Bauen und Bewahren gab. Ich habe mich darauf verlassen, dass Ihr die Grenze nicht überschreitet, die ich euch gesetzt habe. Und da kommt die Schlange daher, bietet euch an, so zu sein wie Gott – so zu sein wie ich, euer Freund und doch der Ganzandere – und schon werdet ihr schwach. Schwach im Angesicht der Einbildung von Macht. Was könnte es sonst gewesen sein, das euch verführte, von der verbotenen Frucht zu essen. Es muss euch klar gewesen sein, dass ihr die Verantwortung nicht tragen könnt, die ich trage. Es muss euch klar gewesen sein, dass ihr nicht das Nichtseiende ins Sein rufen könnt. Es muss euch klar gewesen sein, dass ihr das Chaos nicht ordnen könnt, wie ich es ordnete. Es muss euch klar gewesen sein, dass euch der Überblick über den Zusammenhang von Mücke und Schwalbe, von sauberer Luft und gesundem Leben, von Ozon und Kohlenwasserstoff fehlt. Es muss euch

klar gewesen sein, dass Geschehenes nicht ungeschehen gemacht werden kann. Es muss euch klar gewesen sein, dass auch die Erde nicht unkaputtbar ist. Und dennoch wolltet ihr so sein wie ich, der Himmel, Erde, Luft und Meer gemacht habe. Und warum wolltet ihr so sein? Weil ihr die Macht sucht, weil ihr gierig seid nach Herrschen und Besitzen. Weil ihr meint, dass euch nichts verboten sein darf."
Eva und Adam werden ganz klein im Angesicht Gottes, den sie so oft im Garten erwartet haben, wenn er abends kam, um im kühlen Abendwind ein Stück spazieren zu gehen und mit ihnen zu reden. Die vertraute Freundschaft ist den beiden zerbrochen. Und jetzt weist Gottes Zeigefinger auf das Gartentor.

„Es gibt ein Leben draußen vor dem Tor", sagt Gott. „Da gibt es keine Bäume, von denen ich sage, dass ihr davon nicht essen sollt. Geht!"

Eva und Adam schleichen durch das Tor.
Die Welt ist geteilt in Paradies und draußen.
In das Paradies Gottes und in den Herrschaftsbereich der Menschen.
Eine Wunde in der Schöpfung Gottes, die erst mal nicht
zu heilen ist, weil ein Engel mit flammendem Schwert das
zuwachsende Tor bewacht.

Die Situation des Lebens vor der nicht wieder gefundenen Pforte des Paradieses wird in der Bibel als entferntes Leben von der versöhnten Schöpfung erzählt. Immer wieder scheitern Menschen am Guten und selbst die großen Helden der biblisch epischen Erzählungen haben ihre dunklen Seiten.

So wird König Saul vom Neid auf David zerfressen, David lässt den Ehemann der Bathseba ermorden, andere Könige Israels wenden sich fremden Göttern zu und der Prophet Elia mordet hunderte Priester auf dem Berg Karmel.

Gewalt gegen Fremde und gegen Fremdes wird – zwar nicht ausschließlich – aber immer wieder zum handlungstreibenden Erzählpotenzial der biblischen Geschichten, die zwar immer auf die eine oder andere Weise für das Volk Gottes gut ausgehen, die aber unter der Perspektive heutiger Friedenssehnsucht, heutiger Gerechtigkeitsvorstellungen und heutiger Suche nach Auswegen aus dem Unheil einer zumindest kreativen Erklärung bedürfen.

Der Heillosigkeit der Welt wird der Entwurf des Heils in der Bibel entgegengestellt. Jesus selbst wird zum Kronzeugen des Heils für Mensch und Schöpfung.

In der ökologischen Krise der Gegenwart fordert eine Besinnung auf ein heilendes Eingreifen der Menschen guten Willens, die Perspektiven der unwiederbringlichen Zerstörung und des unumkehrbaren Weges in den Untergang nicht so stark werden zu lassen, dass nichts als die Verzweiflung am Kollaps der Schöpfung bleibt.

So wie Hildegard von Bingen in der Natur Heilmittel gegen Unheiles am menschlichen Körper und der menschlichen Seele finden konnte, so ermutigen Heilsgeschichten in der Bibel, das Heil nicht tatsächlich dem Unheil zu überlassen, sondern der Welt Gottes noch eine Chance zu geben.

Das gelingende Morgen
(Lukas 13, 6 – 9)

Jesus erzählt seinen Freunden: „Da gab es einen Menschen, der hatte einen Feigenbaum gepflanzt. Mit großer Erwartung und Freude wartete er, dass der Baum eines schönen und reichen Tages Feigen tragen würde, die der Mensch so gerne aß. Aber über den Jahren geschah nicht, was der Mensch so dringend erwartete. Da ging er zu einem seiner Angestellten und sagte: ‚Der Feigenbaum da hinten, den ich vor Jahren gepflanzt habe, trägt und trägt keine Früchte. Wenn du wieder mal in meinem Garten arbeitest, dann geh hin und nimm die Axt und fälle ihn. Was soll das, dass er da so fruchtlos herumsteht.‘ Der Angestellte aber sagte: ‚Erlaube mir zunächst, dass ich es morgen noch mal probiere, dass der Baum Früchte bringt. Vielleicht fehlt dem Baum etwas, das wir ihm geben können. Ich will morgen noch mal düngen und morgen noch mal schauen, was ich tun kann. Ich bitte dich: Gib dem Baum noch ein Morgen und ein Übermorgen, gib dem Baum Zeit!‘“

Heile, heile Segen …

So wie Hildegard aus pulverisierter Geranie und geriebener Muskatnuss ein Heilmittel gegen kräftigen Husten und Grippesymptome zusammenstellen konnte, so behauptet der Glaube der Christenheit, dass ein Kraut gegen die weitere katastrophale Zerstörung der Umwelt gewachsen ist. Es ist die Erkenntnis, dass die Menschen sich darauf besinnen, Gottes Welt Gott zu überlassen und sich vom Weg der Selbstvergöttlichung abzukehren. *Heil ist möglich,* behauptet die Bibel. In den Evangelien wird davon erzählt, dass Menschen in der Begegnung mit Jesus einen Blick auf schon lange nicht mehr erwartetes oder selbstverständliches Heil erfahren können.

Diese Wundergeschichten, in denen Lahme, Blinde oder Stumme wieder springen, sehen oder singen können, machen Mut zu einem Aufbruch in heutiger Zeit, mit dem man darauf hoffen kann, dass plastikverseuchte Ozeane, schwermetallbelastete Ackerflächen, ozonlochverbrannte Wüstengegenden und kurz vor dem ökologischen Kollaps stehende Flüsse noch gerettet werden können.

Worte und Geräusche
(Markus 7, 31 – 37)

Jesus ist mit seinen Freunden auf dem Weg. Der See Genezareth ist nicht mehr weit entfernt und in der Luft liegt dieser so besondere Geruch, den die Frische des Wassers mit dem herben

Duft des Bodens verbindet. Da bringen Leute einen Mann zu Jesus, der taubstumm ist.
„Jesus, wir hören die Leute Dinge von dir erzählen, die schwer zu glauben sind. Aber wir hören auch, dass sie tatsächlich geschehen. Dies ist unser Freund! Wir leiden mit ihm, dass er nicht reden kann und auch nicht hört. Bitte, heile du ihn."
Jesus hört sich die Bitte der Leute an, nimmt den Freund beiseite.
In abgeschiedener Zweisamkeit legt Jesus dem Taustummen die Finger in die Ohren, benetzt seine Zunge mit Speichel, wird demütig vor Gott, indem er zum Himmel aufschaut und sagt dann: „Werdet heil! Ohren, tut euch auf! Zunge, löse dich!"
Da wird das Leben für den Taubstummen neu. Er hört den Wind und sogar das Singen eines Vogels. Er kann ein „Wow! Danke!" sagen.
Als Jesus und der Geheilte zurück zu den Leuten gehen, bittet Jesus: „Macht keinen Zauberer aus mir, wenn ihr erzählt, dass euer Freund jetzt hören und reden kann. Am besten wäre es, wenn ihr gar kein Aufhebens darum macht."
Aber das gelingt den Menschen natürlich nicht. Sie erzählen es auf Straßen und Gassen. „Sogar die Hoffnungslosen können Hoffnung auf Heilung haben."

Wenn dein Kind dich morgen fragt …

„Wenn dein Kind dich morgen fragt …", so beginnt der Vorschlag eines der biblischen Journalisten im 5. Buch Mose (5. Mose 6,20), bevor dann die Ermutigung folgt, von Gottes begleitenden Taten und von seinen Geboten zu erzählen. Den frommen Erzählern aus den Tagen des Beginns der gemeinsamen Wege Gottes und seiner Menschen war es wichtig, dass das Gottesverhältnis auf Nachhaltigkeit angelegt war. Was gestern und heute im Verhältnis zu Gott Geltung hatte, sollte nach ihrem erzählerischen Willen auch für das Morgen und für alle Zeit gelten.

Die Nachhaltigkeit der Bindung an Gott besteht für die frommen Journalisten im Nichtvergessen und in der Weitergabe der religiösen Pflicht, die kommenden Generationen daran zu erinnern, dass Gott Großes und damit endgültig Verbindendes getan hat. Die Menschen des Volkes Israel sollen sich der Glaubenstatsache bewusst bleiben, dass ein geschichtliches Band zwischen ihnen und ihrem Gott besteht, das immer weitererzählt werden muss.

Für das Volk Israel ist das die Erinnerung an die Befreiungstat Gottes aus der Knechtschaft in Ägypten und die damit verbundene Übergabe sowohl der bis heute gut bekannten 10 Gebote als auch all der anderen, die mit der jüdischen Frömmigkeit fest verbunden sind.

Der Knoten der Religion im Taschentuch

(5. Mose 6, 20 – 25)

> *„Wenn dich dein Kind morgen fragt: ‚Warum ist Gott für uns so wichtig und in welcher Bindung stehen wir an ihn?‘, dann sollt ihr euren Kindern die Geschichte unserer Befreiung erzählen, die schon so viele Generationen her ist. Macht euch den Knoten der Religion in euer Taschentuch, dass ihr es nie vergesst.*

Erzählt davon, dass wir als Volk in Sklaverei in Ägypten gehalten wurden. Erzählt davon, wie Gott unser Sklavendasein nicht ertragen konnte und uns einen Weg in die Freiheit führte. Erzählt davon, dass der Pharao uns hindern wollte, Ägypten zu verlassen, und wie Gott es doch mit seiner Macht durchgesetzt

hat, dass wir gehen durften. Erzählt, dass Gott uns das Land gegeben hat, in dem wir wohnen, und erzählt davon, dass wir seine Gebote halten sollen. Erzählt davon, dass Gott gesagt hat: ‚Wenn ihr euch an meine Gebote haltet, soll es euch lebenslang wohl ergehen'. Und dann erzählt auch, dass die Gerechtigkeit siegen wird, wenn die Gebote Gottes eingehalten werden, die alles Leben schützen."

An diesen Text aus dem 5. Buch Mose wird hier erinnert, weil es zu den Hauptgründen des Missbrauchs der Schöpfung und der Unterdrückung der Geschöpfe gehört, dass vergessen wurde, dass Gott die Erde „nur" zur Miete freigegeben hat.

Die Menschen bewohnen und beleben sie und sie dürfen sich in Gottes Haus bewegen, bergen und selbstverständlich ganz wie zuhause fühlen. Sie dürfen sich am Kühlschrank bedienen, selbst wenn der Hausherr nicht da ist, und sie können sich den Wohnplatz einrichten, wie es ihrem Geschmack entspricht.

Und doch ist es nicht vorgesehen, die Wohnung so umzubauen, dass sie für andere Mieter, für Nachmieter unbewohnbar wird.

Das aber scheint gerade zu geschehen.

Darum wird mit dem Blick auf die Bibel des Alten Testaments die Zukunft schützend ins Auge genommen.

Die Eröffnung „Wenn dein Kind dich morgen fragt …" wird zum Mahnwort, dass die Zukunft, das Morgen, eben nicht anonym und unverbindlich daherkommt, sondern mit dem Leben der Kinder. Dabei geht es ebenso um die eigenen Nachkommen, wie auch die der anderen Menschen auf diesem Planeten.

Im Neuen Testament findet der Apostel Paulus Worte, die christliche Menschen der Zukunft und damit einem gewendeten Umgang mit der Schöpfung verpflichten wollen. Im sogenannten Philipper-Hymnus fordert er – wahrscheinlich einer schon älteren Tradition entsprechend – dazu auf, die Haltung Jesu einzunehmen, die sich mit den bereits immer wieder erwähnten drei Hauptworten Frieden, Gerechtigkeit und Bewahrung der Schöpfung in engste Beziehung bringen lassen kann.

Das neue Oben ist das echte Unten
(nach Philipper 2, 5 – 11)

Jeder Mensch, der sich zu Jesus halten will,
soll sich eine neue Gesinnung zulegen.
Jeder Mensch, der sich zu Jesus bekennt, soll sein Tun und
Lassen von seinem Beispiel bestimmen lassen.
Obwohl Jesus die ganze Macht Gottes zur Verfügung stand,
er hätte damit ganz von Oben herrschen können,
lag ihm an solcher Karriere gar nichts.
Lust an der Macht und Gier zu Herrschen bedeutete ihm nichts.
Es reichte ihm ein Mensch zu sein.
Noch nicht einmal ein besonderer Mensch,
einfach ein Mensch, der das Menschsein achtete.
Nichts war niedriger als er selbst.
Er hörte auf das, was Gottes Geschöpf Erde ihm zu sagen hatte.
Er wollte nie gewaltig sein,
wurde gewaltsam getötet
am Kreuz jener, die für die Schrecken der ausbeutenden Macht
stehen.
Jeder Mensch, der sich zu Jesus halten will,
soll wissen, dass genau diese Haltung Gottes Wohlgefallen findet.
Er hat Jesus zu dem gemacht,
den die ganze Schöpfung besingt,
dem der Friede, die Gerechtigkeit und das Heil dienen.

Eines ist ganz gewiss: Diejenigen kleinen Menschen, die heute noch Kinder in unserem Land sind und diese Welt vor allem im Schutzraum eines gesellschaftlichen Systems erleben, in dem sie weitestgehend geborgen aufwachsen können, werden ihre Eltern- und Großelterngeneration danach fragen, wo sie waren, als es mit der freundlich bewohnbaren Welt zu Ende ging.

Die, die heute noch Kinder an den Orten der Welt sind, in denen geborgene und sorglose Kindheit nicht mehr möglich ist, weil die Ungerechtigkeit dem Land, dem Wasser, den Tieren und den Menschen gegenüber so überhandgenommen hat, dass auch das kindliche Leben schon Kampf ums Überleben bedeutet, werden fragen, wo die Gerechtigkeit blieb, die allen gelten soll.

Die, die heute noch Kinder an den Orten der Welt sind, in denen die Kindheit mit dem viel zu frühen Tod durch Mangel und Hunger oder durch Gifte in Boden und Wasser endet, werden aus ihren Gräbern fragen, warum ihnen Heil auf dieser Erde verwehrt geblieben ist.

„Wenn dein Kind dich morgen fragt …" ist als Szenario der Auftakt, sich schon heute zu überlegen, wie die Antwort sein wird.

Die Fragen der Kinder und Kindeskinder werden die Trias des konziliaren Prozesses widerspiegeln, an denen die Welt gescheitert ist:

1. „Was habt ihr getan, um dem zu entgehen, dass die Erde ein friedloser Ort wurde, ein Ort, an dem sich der Mensch nicht allein gegen andere Menschen, sondern auch gegen die Natur gewaltsam verging?"
2. „Was habt ihr getan, um dem zu entgehen, dass die Erde ein Ort der schreienden Ungerechtigkeiten wurde, ein Ort, an dem der Reichtum der Einen die Armut der Anderen exponentiell vergrößerte?"
3. „Was habt ihr getan, um jenen Einhalt zu gebieten, die die Erde als Selbstbedienungsladen für ihre Gier und ihren Geiz genutzt haben, ohne darauf Rücksicht zu nehmen, dass die Augen und die Herzen aller Menschen und Tiere darauf warteten, dass ihnen gute Zukunft bleibt?"

Das Fragen der Kinder und Kindeskinder erinnert an eine der ersten Geschichten, die die biblischen Journalisten im 1. Buch Mose erzählen. Dort fragt Gott Kain, den Sohn von Eva und Adam, nach seinem Bruder Abel.

Wo ist dein Bruder …
(Genesis 4)

Nachdem Kain seinen Bruder Abel erschlagen hat, weil in ihm das Gefühl übermächtig wurde, nicht genügend wertgeschätzt, nicht genügend geliebt, nicht genügend gleich wie sein Bruder betrachtet zu werden, ist Kain mit sich und seinen Gedanken an die schlimme Tat allein. Dann aber findet ihn Gott.
„Gut, dass ich dich sehe“, sagt Gott. „Ich suche überall nach Abel. Weißt du, wo er ist?“
Kain durchfährt der Gedanke, jetzt für den Tod seines Bruders zur Rechenschaft gezogen zu werden. Er zuckt mit den Schultern. „Keine Ahnung! Und übrigens: Ich bin gerade gern allein.“
Gott aber gibt nicht auf. „Ich suche nach Abel. Ich frage dich: Wo ist dein Bruder, Kain?“
Kain reicht es nun. Was geschehen ist, ist geschehen. Er kann es nicht mehr rückgängig machen. Patzig, aber auch mit der Mühe beschäftigt, das Bild des von ihm totgeschlagenen Bruders aus dem Kopf zu bekommen, antwortet er: „Ich habe es doch schon gesagt: Ich weiß es nicht! Abel ist erwachsen. Er kann kommen und gehen, wie und wann er will. Soll ich denn meines Bruder Hüter sein?“

Und Gott antwortet: „Die Frage ist nicht nur gut gestellt, Kain, sondern sie trifft auch genau den Kern. Ja! Du solltest deines Bruders Hüter sein … bist du aber nicht gewesen. Im Gegenteil! Natürlich sehe ich, dass dein Bruder tot im Feld liegt, wo es einsam ist. Und die Stimme seines Blutes ruft zu mir."

Schöpfung und Geschöpfe sind – das wurde früher schon festgestellt – Geschwister des Menschen auf der Erde.

„Wenn dein Kind dich morgen fragt …: Was hast du mit der guten Erde gemacht? Was hast du aus Wasser und Luft, aus Boden und Umwelt gemacht?", dann darf die Antwort nicht im kainschen Fragestil lauten: „Sollte ich etwa der Hüter der guten Erde gewesen sein?"

Falls diese Antwort aber doch gegeben wird, wird von kommenden Generationen auf diese Frage geantwortet werden: „Ja! Genau das wäre deine Aufgabe gewesen."

Unmögliche Möglichkeiten

Die Bibel als Weltprogramm Gottes hat sich für Lebensplanungen ungezählter Menschen wie eine Karte erwiesen, die dazu einlädt, gute Ziele im Leben zu erreichen. Welche guten Ziele das im Einzelnen sind, wird von jenen mitzuentscheiden sein, die mit dem Wunsch nach „Gottes Segen" ihren Weg durch die Welt ihres Alltages gehen.

Im Psalm heißt es: „Befiehl dem Herrn deine Wege und hoffe auf ihn, denn er wird es wohlmachen." (Psalm 37,5)

Das ist kein „frommer" Spruch für die Menschen, die abgehoben im Wolkenkuckucksheim eines Glaubens leben, der mit dem „richtigen

Leben“ mit seinen Irrungen und Wirrungen nichts zu tun hat. Im Gegenteil liegt in diesen Worten der Auftrag zur Mitgestaltung der Welt. Auch der Auftrag, nach Wegen zu suchen, die immer noch aus der ökologischen Katastrophe herausführen können.

Vielen scheint es als eine unmögliche Möglichkeit, der Dynamik der Klimaerwärmung, der Zerstörung ganzer Ökosysteme und damit dem Wunsch nach gutem Über-Leben alles Lebens auf der Erde zu entgehen. Auf der einen Seite mahnen zwar auch die Skeptiker*innen das immer noch zu erreichende gute Ende an, haben aber im Grunde ihrer Herzen dieses erfolgreiche Wende-Szenario zum Guten aufgegeben. Auf der anderen Seite gibt es freilich auch diejenigen ganz säkularen Optimist*innen, die meinen, dass den Gletschern, den Eisbären, den Bienen und den Feldhamstern die Zukunft gerettet werden kann.

Die Bibel als Weltprogramm Gottes zeigt am Beispiel der in ihr erzählten Geschichten immer wieder auf, dass scheinbar in Hoffnungslosigkeit und Tod zwingende Situationen mit Hilfe des Zusammenspiels von Gott und Mensch in die Kehre gebracht werden können.

Für das Volk Israel, dessen Geschichte mit Gott im Alten Testament erzählt wird, spielt die Grunderzählung jener Erfahrung, dass Rettung in höchster Not möglich ist, am Rand des Roten Meeres.

Wegebau aus der Krise
(2. Mose 14)

> *Endlich hat der König von Ägypten dem Volk Israel erlaubt, aus der Knechtschaft in Ägypten in das Land zu ziehen, in*

dem es in Freiheit leben kann. Mose geht voraus. In den Köpfen und Herzen jener, die den beschwerlichen Weg in die Freiheit angetreten haben, sind Bilder von sauberen Flüssen, guter Luft, frischem Wind, fruchtbarem Boden, fetten Weiden und gelingendem Leben.
Plötzlich ruft einer, der sich umblickte: „Pharaos Soldaten kommen. Ich sehe am Horizont eine Staubwolke, die sein mächtiges Heer aufwirbelt, um uns alle einzufangen und zurück in den Sand Ägyptens zu bringen."
Schrecken macht sich unter dem Volk Israel breit, und niemandem bleibt angesichts des näherkommenden Heeres die Hoffnung auf Entkommen. Direkt vor dem Volk liegt das Meer der Verzweiflung.
„Bis hierhin und nicht weiter!", stellt eine der Flüchtenden fest und alle, die es hören, nicken betrübt mit den Köpfen.
„Aus der Traum von einer Zukunft auf den fetten Weiden des Landes, das der Herr, unser Gott, uns geben wollte."
„Diese Zukunft ist verbaut!"
Verbaut durch die Wasser des Schilfmeers.
Als alle aufgeben wollen, spricht Gott zu Mose: „Es ist noch Zeit zum Handeln. Ihr müsst euch nicht ergeben! Hab Vertrauen, dass es für mich immer Möglichkeiten gibt. Teile das Meer an dieser Stelle. Treib die Wasser zu beiden Seiten und dann zieh mit dem Volk Israel in die grüne Zukunft meiner Versprechen."
Und das Volk Israel entkommt dem Heer des Pharao, zieht trockenen Fußes zwischen den Wassern in die versprochene Freiheit.

Für die christlichen Gemeinden der Zeiten nach Jesu findet sich die Grunderzählung der unmöglichen Möglichkeit in der Ostergeschichte.

Das staunende ‚Oh!‘
(Markus 16)

Am ersten Tag der Woche machen sich drei mutige Frauen auf den Weg zum Friedhof in Jerusalem, um Jesus anständig aus dem Leben zu verabschieden. Bisher war sein Begräbnis in großer Hektik geschehen. Nachdem sein Leichnam vom Kreuz abgenommen worden war, hatten ihn die Freunde noch verstört durch seinen gewaltsamen Tod und ganz im privaten Kreis in ein Grab gelegt, das ihnen Josef von Arimathia zur Verfügung gestellt hatte.
Nun gehen Salome, Maria und die andere Maria zum Grab, um einen „anständigen“ Abschied zu nehmen. Noch auf dem Weg liegt ihnen die bange Frage auf der Seele, wie sie das Felsengrab wohl öffnen können, denn ein großer Grabstein versperrt den Eingang in die Höhle.
Diese Sorge jedoch ist unbegründet, denn das Grab ist offen und im Grab sitzt eine Gestalt, die den drei Frauen sagt: „Ihr wollt Jesus besuchen. Hier ist er nicht mehr! Gott hat ihn auferweckt. Er ist auferstanden!“
Den Frauen zieht es nahezu die Beine weg.
„Oh!“, rufen sie in einer Mischung aus Erschrecken und Überraschung und staunend trauen sie sich, in das Grab zu blicken, in dem Jesus tatsächlich nicht mehr ist.
„Wenn der Tod nicht mehr das Ende bedeutet“, wird ihnen klar, „dann kommen tausend neue Möglichkeiten in die Welt.“
Ganz schwindelig vor der Aussicht, dass Auferstehung möglich ist, setzen sich die Frauen erst einmal auf eine Friedhofsbank und sind sprachlos vor Staunen und Aufregung.

Sowohl das Alte als auch das Neue Testament erzählt davon, dass Gottes Möglichkeiten über die üblichen Naturgesetze hinausgehen können. Die vorausgesagte ökologische Katastrophe ist kein Naturgesetz und ihre vermeintlich kaum zu bremsende Dynamik kann im Mindesten doch gebremst und im besten Fall noch umgekehrt werden. Dazu gehört die tätige Einsicht des Menschen, dass es an ihm ist, Lebensumstände nicht nur zu hinterfragen, die dazu führen, dass Polkappen schmelzen, dass die Insekten sterben, dass Lebensräume zu Sterbensräumen werden und dass die Perspektiven auf eine wie auch immer geartete Zukunft dunkel sind. Das Wesentliche an der „tätigen Einsicht" ist dabei, dass neben das Bekenntnis „Ich habe Mist gebaut" auch die Tat folgt. Dem Bekenntnis, dass Dinge aus dem Ruder gelaufen sind, steht dabei viel zu oft der Stolz und der Trotz entgegen, dass man sich nicht für allgemeine Fehler oder Fehler anderer mit verantwortlich machen lassen will. In der ökologischen Krise der Gegenwart wird es zu oft betont, dass die Fehler schon Jahre oder Jahrzehnte zurückliegen, die jetzt ihre Konsequenzen zeugen. Wesentlich als Reaktion auf die Krise wäre es jetzt, sich bedingungslos der Gegenwart zu stellen und mit jeweils einer eigenen Umkehr von den falschen Wegen die Richtung zu wechseln.

Eine der bekanntesten Umkehrgeschichten des Neuen Testaments, die überdies auch noch mit einem Happyend ausgeht, ist die Geschichte vom „verlorenen Sohn", der seine Fehler am tiefsten Punkt seiner Karriere ins Abwärts einsieht, daraus die Konsequenzen zieht und dann tatsächlich etwas auch auf die eigene Zukunft hin Gutes gewinnt.

Ein Ausweg aus der Krise
(Lukas 15)

„Ich will die Welt erobern!", sagt sein Sohn zum Vater. „Dafür brauche ich Geld, denn Geld regiert die Welt."
„Wo nimmst du das Geld her?", fragt der Vater.
„Von dir!", antwortet der Sohn. „Du hast viele Mittel. Lass uns so tun, als erbte ich sie schon jetzt. Dann will ich losziehen und die Welt erobern."
„Meine Mittel sind für später", sagt der Vater. „Auch für dich! Ich will sie umsichtig einsetzen, sodass dann für dich, wenn ich wirklich tot bin, genügend bleibt."
„Später ist nicht meine Zeit!", sagt der Sohn. „Jetzt will ich leben und Leben genießen. Gib mir!"
Der Vater macht es so. Gibt dem Sohn von dem, was erst für später für ihn sein sollte. Der Sohn zieht los und genießt die Welt. Sein Motto lautet: **No risk, no fun!** *Und die Welt steht ihm offen. Dann aber wird alles immer teurer und sein Geld schmilzt wie die Polkappen in der Sonne. Das Leben wird deutlich weniger leicht.*
Eines Tages ist das, was ihm helfen sollte, die Welt zu erobern, das Leben zu genießen, aufgebraucht. Erst ist der Katzenjammer groß und eines Tages wacht der Sohn mit einem Riesenkater auf. Da sitzt er ohne Zukunftsperspektive mit einem Job da, der ihm nichts bringt und es ist aus mit seinem großartigen Programm, die Welt zu erobern.
Seine große, weite Welt ist zusammengebrochen.
Und wie er da so sitzt, den Kopf in den Händen vergraben, von denen er meinte, dass sie zum Pflanzen und Graben, zum

Hüten und Gießen nicht geeignet wären, geht ihm durch den Kopf, wie gut die Zeiten beim Vater waren.
„Ich habe alles falsch gemacht“, sagt er sich. „Ich muss neu anfangen! Am besten beim Vater. Da wo ich herkomme!“
Es fällt ihm nicht leicht, es sich einzugestehen: „Ich habe alles falsch gemacht!“

Dann geht er zurück zum Vater. Als der ihn kommen sieht, freut er sich riesig!
„Ich habe alles falsch gemacht“, stottert der Sohn.
„Einsicht ist ein guter Weg zum Bessermachen“, sagt der Vater.
„Willkommen zum Anfang eines Neuanfangs.“

Gott wollte nie die Abrissbirne

Der Titel dieses Buches, das auf seinen letzten Seiten angekommen ist, lässt auch in der ökologischen Krise dieser Tage mit Blick auf die biblischen Geschichten und Episoden, die kreativ erzählt und zuweilen auch verändert wurden, Raum für die Hoffnung, dass es den Menschen gelingen wird, das Schlimmste zu vermeiden und Zukunft zu gewinnen, die nicht in den Abgrund der Katastrophe stürzt. In diesem Sinne, der von der Hoffnung auf die Vernunft der Menschheit und auf die Begleitung Gottes getragen wird, ändert sich der Titel. Aus der Feststellung einer Vergangenheit „Gott wollte nie …“ wird ein Perspektive der Zukunft: „Gott will nie die Abrissbirne!“

Zum Ende dieses Buches wird darum der Psalm 107 in einer Version wiedergegeben, die davon ausgeht, dass es gelingen kann, die Zukunft für Kinder und Kindeskinder auf einer friedlichen, gerechten und nachhaltigen Erde zu gewinnen. In der Lutherbibel wird dieser Psalm überschrieben: Danklied der Erlösten …

Es wird …
(nach Psalm 107)

Danket Gott, denn er bleibt freundlich und er lässt das Gute auf der Erde wohnen.
Dieses Verslein sollen die sagen, die die Not der Zeit nicht erstickt hat.

Weltweit soll dieses Verslein hergesagt werden.
Als die Wüsten sich ausweiteten,
die alten Orte unbewohnbar schienen,
die Menschen nach dem alten treuen Gott riefen,
führte Gott sie auf neue Wege,
zu einer dauerhaft bewohnbaren Stadt,
die „Genug für Alle“ heißt.
Sie saßen gefangen von der Angst vor dunkler Zukunft.
Sie saßen gefangen im Zwang zu zerstören.
Sie hatten vergessen, dass Gott die Welt gehört,
hatten seinen Rat verlacht
und wurden vom finalen Unglück bedroht.
Als sie sich aber an Gott wandten,
„Hilf uns“ riefen,
führte er sie in die Freiheit eines neuen Denkens.
Als sie sich kaum noch trauten guten Gewissens zu essen,
was als Speise auf den Tisch kam,
als falsches Essen sie krank machte,
da riefen sie zu Gott „Hilf uns“
und er half, dem allgemeinen Sterben zu entkommen.
Die, die weltweiten Handel betrieben
zu Land und Luft und Wasser,
die gerieten in Ungewitter, die die Seele der Welt bedrohten,
betrunken vom Konsum kreiselten sie in den Untergang.
Als sie sich keinen Rat mehr wussten,
da riefen sie zu Gott „Hilf uns“.
Die Wasser, die ihnen bis zum Hals standen, sanken,
Bäche, die Gott wegen der Bosheit der Menschen hatte versiegen lassen,
gaben frisches Wasser,
fruchtbares Land, das zur Wüste wurde,

wurde wieder bebaubar.
Die Machthabenden, denen die Last des Unglücks der Vielen egal war,
gerieten selbst in die Wüste ihres verwüstenden Handelns.
Die Armen aber, die von Sorge und Kummer gebeugt waren,
die richtete Gott auf.
Der Bosheit stopft er das Maul,
Wohltaten überströmen das Land.

BUNTE AUGENBLICKE MIT DER BIBEL

Text & Illustration:
Hans Hentschel

In kurzen Texten werden ausgewählte „Geschichten“ aus der Bibel in anschaulicher, moderner Sprache erzählt. Jede Geschichte wird durch eine farbenfrohe, naiv anmutende Illustration ergänzt.

A5-Hardcover / 224 Seiten / Best.-Nr.: L15
ISBN: 978-3-947984-14-5 / 20,- €